U0341614

龙江寒地农畜产品加工
与分析检测技术

关海宁　刁小琴　编著

黑龙江大学出版社
HEILONGJIANG UNIVERSITY PRESS
哈尔滨

图书在版编目（CIP）数据

龙江寒地农畜产品加工与分析检测技术 / 关海宁，
刁小琴编著． -- 哈尔滨 ： 黑龙江大学出版社，2019.3
ISBN 978-7-5686-0301-0

Ⅰ．①龙… Ⅱ．①关… ②刁… Ⅲ．①农产品－食品
加工②农产品－检测技术③畜产品－食品加工④畜产品－
检测技术 Ⅳ．①S37②S87

中国版本图书馆CIP数据核字（2018）第281542号

龙江寒地农畜产品加工与分析检测技术
LONGJIANG HANDI NONGXU CHANPIN JIAGONG YU FENXI JIANCE JISHU
关海宁　刁小琴　编著

责任编辑　于　丹
出版发行　黑龙江大学出版社
地　　址　哈尔滨市南岗区学府三道街36号
印　　刷　哈尔滨市石桥印务有限公司
开　　本　720毫米×1000毫米　1/16
印　　张　16.25
字　　数　257千
版　　次　2019年3月第1版
印　　次　2019年3月第1次印刷
书　　号　ISBN 978-7-5686-0301-0
定　　价　48.00元

前　言

黑龙江农业机械化水平高,年粮食产量连续 7 年位居全国首位,被誉为祖国的大粮仓。此外,全年蔬菜总产量数千万吨,全省猪、牛、羊存栏总量也达数千万头,因此,农畜产品加工在黑龙江占有举足轻重的地位。特别是黑龙江的土地为世界三大寒地黑土之一,其有机质含量高、肥力足,是农畜产品加工原料质量的必要保障。然而,黑龙江虽然粮食总产量大,但规模以上龙头企业数量少、规模小、带动能力低,已有的加工企业也多为初加工企业,而且精深加工水平低,巨大的资源优势未能转化为产业优势和经济优势。因此,进一步提升黑龙江农畜产品加工技术、提高产品种类、延长产业链、扩大产业群,是新时代黑龙江寒地黑土大宗农副产品、禽畜产业发展的艰巨任务。

与此同时,人们对农畜产品的安全性、营养性提出了新要求,这就对农畜产品的分析检测技术提出了更切合实际、更优化的要求。为了进一步促进黑龙江寒地区域性农畜产品经济的稳步发展,在开拓、提升现有黑龙江寒地农畜产品原料的加工技术的同时,提倡"以主体加工原料为主线,以其副产物开发为纵深"的理念,以稻谷、玉米、大豆、果蔬、肉制品、蛋制品以及乳制品几种黑龙江地域特色食品物料的营养、加工产品种类为基础,结合生产实践,本着通俗实用的原则,在阅读大量国家标准以及科技文献的同时,结合近年来的科研体会,编者编写了《龙江寒地农畜产品加工与分析检测技术》,希望此书可使读者对黑龙江主要农畜产品的营养、加工形式,以及所介绍的产品中的多种营养成分、功能性物质等的分析检测有进一步了解。

全书内容包括三大部分:第一部分主要是黑龙江主要农产品稻谷、玉米、大豆、果蔬等的营养及营养物质的检测。第二部分主要是肉制品、蛋制品及乳制品的主要加工产品种类及成分检测。第三部分主要是寒地农产品副产物如稻壳、玉米须、玉米皮及马铃薯皮等的利用与分析。

本书共分八章,绥化学院关海宁编写第一、二、三、四章,共 13 万字;绥化学院刁小琴编写第五、六、七、八章,共 12.7 万字。全书由关海宁主审、统编及定稿。特别感谢绥化学院博士科研启动基金[SD2017001]资助出版。

　　由于编者水平有限,书中疏漏之处在所难免,恳请读者批评指正。

编者

2018 年 12 月

目录

第一章 稻谷的营养与检测技术

第一节 稻谷的分类与营养

稻谷属于禾本科稻属,是水稻经脱粒后得到的籽粒,带有不可食的颖壳;而稻谷经砻谷处理后得到的籽粒称糙米,其脱去了颖壳;大米是糙米经过碾米加工得到的。水稻是重要的粮食作物之一,产区遍及全国各地。黑龙江是农业大省,盛产水稻,拥有五常水稻等优良的水稻品种。据有关部门统计,2017 年全省水稻种植面积约占全国水稻总面积的 11% 以上,产量达 2 000 多万吨。

稻谷加工是为了提高其食用品质,稻谷加工获得的大米的蛋白质含量虽较低,但其生物效价较高,因此营养价值较高。大米粗纤维含量较低,各种营养成分的消化率和吸收率高。大米蒸煮成的米饭,香味宜人,糯黏可口,具有良好的食用品质。同时大米可加工成米粉、糕点、米酒等。

一、稻谷的分类与化学成分

1. 稻谷的分类

我国稻谷种类多、种植区域广。

1. 按生长期的不同,将 90 ~ 120 天的稻谷称为早稻,将 120 ~ 150 天的稻谷称为中稻,将 150 ~ 170 天的水稻称为晚稻。一般早稻品质较差、米质疏松、耐压性差,加工时易产生碎米,出米率低;晚稻米质坚实,耐压性强,加工时碎米少,出米率高。

2. 按粒形、粒质分籼稻、粳稻、糯稻。籼稻籽粒细而长,呈长椭圆形或细长形,米粒强度小、不耐压,加工时易产生碎米,出米率较低,制成的米饭胀性较大、黏性较小。粳稻籽粒短而阔,较厚,呈椭圆形或卵形,米粒强度大、耐压,加工时不易产生碎米,出米率高,制成的米饭胀性较小、黏性较大。根据粒质和收获季节的不同,籼稻和粳稻又可分为早稻谷和晚稻谷两类。就同一类型的稻谷而言,一般情况下,早稻谷米粒腹白大,角质粒少,品质比晚稻谷差。早稻谷米质疏松,不耐压,加工时易产生碎米,出米率较低;晚稻谷米质坚实,耐压,加工时不易产生碎米,出米率较高。就米饭的食味而言,早稻谷比晚稻谷差;就稻谷的品质而言,晚籼稻谷的品质优于早粳稻谷。糯稻米粒呈乳白色,不透明或半透明,黏性大,按其粒形可分为籼糯稻谷(稻粒一般呈长椭圆形或细长形)和粳糯稻谷(稻粒一般呈椭圆形)。

2. 稻谷的化学成分

稻谷的化学成分主要包括水分、蛋白质、碳水化合物(淀粉、纤维素和半纤维素等)、脂肪、矿物质及维生素等。表1-1为籽粒各部分的主要化学成分含量。

表1-1　稻谷籽粒各部分的主要化学成分　　　　　　　　　单位:%

名称	水分	蛋白质	脂肪	碳水化合物	纤维素	灰分
稻谷	11.7	8.1	1.8	64.5	8.9	5.0
糙米	12.2	9.1	2.0	74.5	1.1	1.1
胚乳	12.4	7.6	0.3	78.8	0.4	0.5
胚	12.4	21.6	20.7	29.1	7.5	8.7
皮层	13.5	14.8	18.2	35.1	9.0	9.4
稻壳	8.5	3.6	0.9	29.4	39.0	18.6

(1)水分

水分是稻谷中重要的化学成分之一,它不仅影响稻谷的生理状态,而且对稻谷的加工和贮藏也有很大的影响。稻谷籽粒不同部位的含水量不同。一般

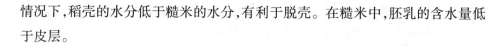

情况下,稻壳的水分低于糙米的水分,有利于脱壳。在糙米中,胚乳的含水量低于皮层。

(2) 蛋白质

蛋白质是生命有机体的重要构成成分,给人体和其他生物提供重要营养。稻谷能够为人体提供维持健康不可或缺的蛋白质。虽然大米胚乳中的蛋白质含量仅为 7% ~8%,但它的生物价值优于谷物中的其他蛋白质,该蛋白质的氨基酸组成比较平衡,其中赖氨酸含量约占总蛋白的 3.5%。大米蛋白质主要由米谷蛋白、清蛋白、球蛋白和醇溶蛋白组成,其中米谷蛋白含量最高,占总蛋白的 80%,醇溶蛋白含量最低,占总蛋白的 3%~5%。

(3) 脂肪

稻谷中脂肪含量约占整个谷粒的 2%,而且分布很不均匀,大部分存在于胚及糊粉层中,故精度高的大米脂肪含量较低。脂肪中的主要成分是脂肪酸,糙米中的主要脂肪酸是油酸、亚油酸和棕榈酸。大米中的脂肪较易变质,它对大米的加工、贮藏有很大的影响。脂肪变质可以使大米失去香味、产生异味、增加酸度等。

(4) 碳水化合物

碳水化合物是粮食的主要成分。糯米淀粉中不含直链淀粉只含支链淀粉,粳米中含有占淀粉总量 20% 的直链淀粉,而籼米胚乳中含有相对较多的直链淀粉。直链淀粉含量越高,米质越松散,食用品质越低,因此籼米一般不受人们喜爱,但用它来加工米粉效果较好。而粳米和糯米中直链淀粉含量较低使米质黏稠、口感好,除直接食用外,还适合用来加工年糕等。

(5) 矿物质

矿物质又称灰分,是粮食经高温燃烧后得到的白色粉末。稻谷中矿物质含量因品种的不同以及种植水稻土壤成分的不同而有所差异。籽粒中含有 Al、Ca、Fe、Mg、Mn、P、K、Si、Na、Zn 等矿物质,主要存在于稻壳、胚及皮层中,胚乳中含量极微。精度越高的大米,其矿物质含量越低。糙米或大米中含有的矿物质主要是 P、Mg、K 等。

(6)维生素

维生素在人体新陈代谢过程中发挥着重要的作用,缺少或不足会导致疾病。稻谷主要提供 B 族维生素。谷粒所含维生素主要分布于糙米皮层、糊粉层和胚中。糙米中主要含 B 族维生素,含较少维生素 A,很少有或不含维生素 C 和维生素 D。

3.稻谷加工过程中营养成分的损失

(1)维生素的损失

稻谷的维生素主要集中在糙米的皮层、糊粉层和胚中,碾米时随着皮层、糊粉层和胚的除去,大部分维生素都转入米糠中。

(2)蛋白质及脂肪的损失

碾米时,糊粉层中的部分蛋白质和脂肪会被碾下,进入米糠中。精度越高的大米,损失的蛋白质及脂肪越多。

(3)淀粉的损失

目前,糙米碾白几乎全部采用机械方法,不可避免地对胚乳有一定程度的伤害,从而造成淀粉的损失。糙米的沟纹越深,淀粉的损失越大。因此,为了保证大米的营养,大米的精度不宜太高。

二、几种稻谷产品的营养分布

1.蒸谷米

蒸谷米是把清理干净后的谷粒先浸泡再蒸,待干燥后碾米,国际上普遍称作半煮米。此法出米率高,碎米少。蒸谷米容易保存,耐储藏,出饭率高,煮成的米饭松软可口,可溶性营养物质增加,易于消化和吸收。胚乳质地较软、较脆的大米品种,碾制时易碎、出米率低的长粒稻谷,都适合生产蒸谷米。现在蒸谷米的加工是鉴于其营养,而最早制造蒸谷米并不是为了提高营养价值,而是由于水稻产区在收获时经常有雨,稻谷不易晒干,为避免发芽霉变,采用蒸煮炒干等方法便于储藏和保管。

蒸谷米胚乳内维生素与矿物质的含量增加,营养价值提高,维生素 B 分布更均匀,维生素 B_1、维生素 B_2 的含量要比普通大米高 4 倍,烟酸高 8 倍,Ca、P 及 Fe 的含量与同精度大米相比也有不同程度的提高。

2. 发芽糙米

发芽糙米是将糙米置于一定的温湿度环境下培养使其发芽,芽体生长到一定程度时对其进行干燥,保留了幼芽和带糠层的胚乳。糙米经发芽后淀粉酶、蛋白酶、植酸酶等酶系被激活和释放,进而使得糙米的粗纤维外壳被酶解软化、内含的蛋白质被分解为氨基酸,淀粉转化成糖,改善了食物的感官性状和风味,同时还保留了大量的维生素(维生素 B_1、维生素 B_2、维生素 B_6、维生素C、维生素E)、矿物质(Mg、K、Zn、Fe)及膳食纤维。另外,产生的 γ - 氨基丁酸、六磷酸肌醇、谷胱甘肽等具有促进人体健康和防治疾病的作用。因此,发芽糙米及其制品的食用性接近精白米,但营养价值却超过精白米,因其具有广泛的功能特性,因而被誉为新一代"医食同源"的主食产品。

3. 胚芽米

胚芽米是除保留胚芽外,其余组成均与大米相同的一类精制米,最早由日本研制。胚芽在一粒米中的质量占3%,但其含有丰富的蛋白质和维生素,尤其是维生素B和维生素E,营养价值超过整粒米的一半以上,享有"天赐营养源"的美誉。胚芽米因其较高的价值,被称为具有生命力的"贵族米"。胚芽米的碾磨没有大米精细,因而保留胚芽和胚乳部分,使其在蒸熟后散发出天然的米香。胚芽米和普通大米的营养成分比较见表 1 -2。

表 1-2　胚芽米和普通大米的营养成分比较

成分	水分/ %	蛋白质/%	脂肪/ %	纤维素/%	矿物质/%	糖分/ %	维生素B$_1$/ (μg·g^{-1})	维生素B$_2$/ (μg·g^{-1})	维生素E/ (μg·g^{-1})
胚芽米	15.5	6.3	1.1	0.4	0.6	76.2	2.9	0.8	16.0
糙米	15.5	7.4	2.3	1.0	1.3	72.5	3.6	1.0	—
次白米	15.5	6.6	1.1	0.4	0.8	75.6	2.1	0.5	—
精白米	15.5	6.2	0.8	0.3	0.6	76.6	0.9	0.3	—

注:次白米是指去掉70%皮层的米粒

　　维生素 B$_1$、B$_2$ 和 E 等在胚芽米中的含量比精白米高,这些营养物质都是现代饮食生活中不可或缺的,能够预防和治疗多种疾病。同时,胚芽米中的蛋白质、谷胱甘肽、脂肪以及 Ca、Mg 和 Zn 等含量均很丰富,因此胚芽米营养价值优于一般大米,食用后有助于人体健康。医学营养专家提出:长期食用胚芽米能够降低血清胆固醇、软化血管、促进人体新陈代谢,对肠癌、便秘、痢疾、肥胖、糖尿病等具有一定的预防作用,同时还有助于排毒、美容养颜、保持青春活力,还具有预防和治疗失眠、神经过敏等功能。

　　4. 免淘洗米

　　免淘洗米是指炊煮食用前不需淘洗就可直接食用的一类米。研究发现,在水中淘洗米粒时,随水流失掉的米糠及淀粉占2%左右。营养成分损失也很大,其中损失无氮浸出物 1.1% ~ 1.9%、蛋白质 5.5% ~ 6.1%、钙 18.1% ~ 23.3%、铁约 17.7%。

三、几种稻谷副产品的营养分布

　　在稻谷加工成大米的过程中,会得到诸如稻壳、米糠、碎米等副产品。对副产品的综合利用,可以做到一物多用,物尽其用,丰富粮食工业产品的品种,提高经济效益。

　　1. 稻壳

　　稻壳作为谷物加工的主要副产品之一,约占稻谷质量的20%,其主要成分是纤维素、木质素和多缩戊糖等(见表1-3),是一种量大、面广、价廉的可再生资源。合理利用稻壳不仅可以推动我国农产品的深加工,还可以减少污染。

表1-3 稻壳的化学成分 单位:%

项目	水分	粗蛋白	粗脂肪	粗纤维	多缩戊糖	木质素
含量	7.5~15.0	2.5~3.0	0.04~1.7	35.5~45.0	16.0~22.0	21.0~26.0

2.米糠

稻谷品质及大米的加工精度不同,碾米时产生的米糠量不同,一般能够占到糙米总量的4%~7%。

米糠的营养价值较高,是食品、医药和化工制造业的重要原料,其主要化学成分见表1-4。

表1-4 米糠的化学成分 单位:%

项目	水分	粗蛋白	粗脂肪	无氮浸出物	粗纤维	矿物质
含量	10.0~14.0	12.0~16.0	15.0~20.0	35.0~41.0	6.0~8.0	8.0~10.0

第二节 稻谷及其产品中水分含量的测定

一、能力素养

1.熟练掌握干燥箱的使用、分析天平的使用。

2.熟悉 GB 5009.3—2016、GB 19644—2010 中水分测定的基本操作技能。

3.明确造成测定误差的主要原因。

二、知识素养

干燥法是指在一定的温度和压力下,将样品加热干燥,蒸发排除其中的水分,再通过计算样品干燥前后的质量差,进而计算水分含量的方法。

蒸馏法采用与水互不相溶的高沸点有机溶剂与样品中的水分共沸蒸馏,收集馏分于接收瓶内,由所得的水分体积求出样品的水分含量。目前常采用直接蒸馏和回流蒸馏。

卡尔·费休法,简称费休法,是一种迅速而准确的水分测定法,它属于碘量法,广泛应用于多种化工产品的水分测定。

三、常压干燥法

1. 分析原理

利用食品中水分的物理性质,在常压 $101 \sim 105$ ℃下采用挥发的方法测定样品干燥减少的质量(包括吸湿水、部分结晶水和该条件下能挥发的物质的质量),通过干燥前后样品的质量差计算出水分的含量。

此法适用于 $95 \sim 100$ ℃下不含或含其他挥发性物质甚微的食品。

2. 试剂和仪器

除非另有规定,本方法中所用试剂均为分析纯。

(1)盐酸:优级纯。

(2)氢氧化钠:优级纯。

(3)盐酸溶液(6 mol/L):取盐酸 50 mL,加水稀释至 100 mL。

(4)氢氧化钠溶液(6 mol/L):称取 24 g 氢氧化钠,加水溶解并稀释至 100 mL。

(5)海砂:用水洗净海砂,先用盐酸煮沸 0.5 h,用水洗至中性,再用氢氧化钠溶液煮沸 0.5 h,用水洗至中性,经 105 ℃干燥备用。

(6)样品:经粉碎的稻谷及其制品。

(7)称量瓶:扁形称量瓶,铝制或玻璃制。

(8)电热恒温干燥箱。

(9)干燥器:内附有效干燥剂。

(10)分析天平:感量为 0.1 mg。

3. 分析步骤

取洁净铝制或玻璃制的扁形称量瓶,置于 101~105 ℃ 干燥箱中,瓶盖斜支于瓶边,加热 1 h,取出盖好瓶盖,置干燥器内冷却 0.5 h,称量,重复以上步骤直至前后两次质量差不超过 2 mg,即为恒重。将混合均匀的样品迅速磨细,要求颗粒小于 2 mm,称取磨细的样品 2~10 g(精确至 0.000 1 g),放入称量瓶中,样品厚度不超过 5 mm,如样品呈疏松状态,厚度不宜超过 10 mm,加盖,精密称量后,置 101~105 ℃ 干燥箱中,瓶盖斜支于瓶边,干燥 2~4 h 后盖好瓶盖取出,放入干燥器内冷却 0.5 h 后称量。然后再放入 101~105 ℃ 干燥箱中干燥大约1 h,取出,放入干燥器内冷却 0.5 h 后再称量。重复以上操作至前后两次质量差不超过 2 mg,即为恒重。

4. 结果分析

(1) 分析结果记录

实验结果记录见表 1-5。

表 1-5　实验结果记录

实验项目	称量瓶的质量/g	称量瓶加样品的质量/g	称量瓶加样品干燥后的质量/g
1			
2			

(2) 分析结果的表述

样品中水分的含量按式(1-1)计算。

$$\omega_1 = \frac{m_1 - m_2}{m_1 - m_3} \times 100\% \qquad (1-1)$$

式中:

ω_1——样品中水分的含量;

m_1——称量瓶(或蒸发皿加海砂、玻璃棒)和样品的质量,g;

m_2——称量瓶(或蒸发皿加海砂、玻璃棒)和样品干燥后的质量,g;

m_3——称量瓶(或蒸发皿加海砂、玻璃棒)的质量,g。

计算结果有效数字的保留:每 100 g 样品水分含量 ≥1 g 时,保留三位有效数字;每 100 g 样品水分含量 <1 g 时,保留两位有效数字。

(3)精密度

在重复性条件下获得的两次独立测定结果的绝对差值不得超过算术平均值的 10%。

(4)说明及注意事项

①恒重是指两次干燥称量的质量差不超过规定的质量,一般不超过 2 mg。

②本法测定得到的水分含量除水外,还包括微量的挥发性物质,如芳香油、醇、有机酸等。

5.思考题

(1)怎样判断样品是否恒重?

(2)利用常压干燥法测定得到的水分是否能真实反映样品水分含量? 如有误差,误差从何而来?

(3)如何考虑半固态样品的实验操作步骤?

四、减压干燥法

1.分析原理

利用食品中水分的物理性质,在 40 ~ 53 kPa 压力条件下加热至 60 ± 5 ℃,采用减压干燥的方法去除样品中的水分,通过测定干燥前后样品的质量,计算出水分的含量。

2.试剂和仪器

除非另有规定,本方法中所用试剂均为分析纯。

(1)样品:经粉碎的稻谷及其制品。

（2）称量瓶：扁形称量瓶，铝制或玻璃制。

（3）干燥器：内附有效干燥剂。

（4）分析天平：感量为 0.1 mg。

（5）真空干燥箱。

3. 分析步骤

（1）样品的制备

稻谷及其制品经研钵粉碎，混匀备用。

（2）样品干燥

称取 2 ~ 10 g（精确至 0.000 1 g）样品置于已恒重的称量瓶中，放入连接真空泵的真空干燥箱内，抽出真空干燥箱内空气（所需压力一般为 40 ~ 53 kPa），同时升温至所需温度 60 ± 5 ℃。关闭真空泵，停止抽气，使真空干燥箱内保持一定的温度和压力，4 h 后打开活塞，使空气经干燥装置缓缓通入真空干燥箱内，待压力恢复正常后打开。取出称量瓶，放入干燥器中 0.5 h 后称量。重复以上操作至前后两次质量差不超过 2 mg，即为恒重。

4. 结果分析

（1）分析结果的表述

同常压干燥法。

（2）精密度

在重复性条件下获得的两次独立测定结果的绝对差值不得超过算术平均值的 5%。

5. 说明及注意事项

（1）实际操作时可根据样品的性质及干燥箱耐压能力调整压力和温度。如其他非稻谷类样品，AOAC 法中提到：咖啡干燥条件为 3.3 kPa 和 98 ~ 100 ℃，奶粉干燥条件为 13.3 kPa 和 100 ℃,干果和坚果制品干燥条件为 13.3 kPa 和 95 ~ 100 ℃,糖和蜂蜜干燥条件为 6.7 kPa 和 60 ℃。

(2)受热后易分解的样品以不超过 1 ~ 3 mg 的减量值为恒重标准。

6. 思考题

(1)减压干燥法测定样品的水分含量的优缺点是什么?

(2)如何弥补真空条件下热量传导不好的问题?

(3)如何弥补同一干燥箱中样品的"冷却效应"?

五、蒸馏法测定糙米中的水分含量

1. 分析原理

糙米因含有胚芽,其脂肪含量较其他米高,同时糙米中又存在一定数量的挥发性成分。可利用食品中水分的物理化学性质,使用水分测定器将样品中的水分与甲苯或二甲苯共同蒸出,根据接收的水的体积计算出样品中水分的含量。

2. 试剂和仪器

除非另有规定,本方法中所用试剂均为分析纯。

(1)样品:市售糙米。

(2)甲苯或二甲苯(化学纯):取甲苯或二甲苯,先以水饱和后,除去水层,进行蒸馏,收集馏出液备用。

(3)分析天平:感量为 0.1 mg。

(4)蒸馏式水分测定器如图 1 - 1 所示(带可调电热套)。水分接收管容量 5 mL,最小刻度值 0.1 mL,容量误差小于 0.1 mL。

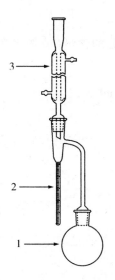

图 1 - 1 蒸馏式水分测定器
1 - 蒸馏瓶;2 - 刻度水分接收管;3 - 冷凝管

3. 实验步骤

准确称取适量样品(使最终蒸出的水为 2 ~ 5 mL,但取样量最多不得超过蒸馏瓶的 2/3),放入 250 mL 锥形瓶中,加入新蒸馏的甲苯(或二甲苯)75 mL,连接冷凝管与水分接收管,从冷凝管顶端注入甲苯,装满水分接收管。

加热缓慢蒸馏,使馏出液流速为每秒钟 2 滴,待大部分水分蒸出后,蒸馏速度加快,达到每秒钟 4 滴,当水分全部蒸出后,接收管内的水分体积不再增加,从冷凝管顶端加入甲苯冲洗。如冷凝管壁附有水滴,可用附有小橡皮头的铜丝擦下,再蒸馏片刻至接收管上部及冷凝管壁无水滴附着,接收管水平面保持 10 min 不变为蒸馏终点,读取接收管水层的容积。

4. 结果分析

(1)分析结果的表述

试样中水分的含量按式(1 - 2)进行计算。

$$X = \frac{V}{m} \times 100 \qquad (1 - 2)$$

式中：

X——每 100 g 试样中水分的含量（或按水在20 ℃的密度 0.998 20 g/mL 计算质量）；

V——接收管内水的体积，mL；

m——样品的质量，g。

以重复性条件下获得的两次独立测定结果的算术平均值表示，结果保留三位有效数字。

（2）精密度

在重复性条件下获得的两次独立测定结果的绝对差值不得超过算术平均值的10%。

5. 说明及注意事项

（1）对于谷物、干果、油类、香料等样品，分析结果准确，特别是对于香料，蒸馏法是唯一公认的水分测定法。

（2）对热敏感的食品，常选用低沸点的苯、甲苯等试剂。

（3）对于含有糖分、可分解出水分的样品，宜选用苯做溶剂。

（4）所用的甲苯必须无水，也可将甲苯经过氯化钙或无水硫酸钠吸水，过滤蒸馏，弃去最初馏液，收集澄清透明溶液（即为无水甲苯）。

（5）为防止出现乳浊液，可以添加少量戊醇、异丁醇。

（6）为避免接收管和冷凝管附着水珠，使用的仪器必须清洗干净。

6. 思考题

试分析蒸馏法测定产生误差的原因。

六、卡尔·费休法测定稻谷制品中微量水分含量

1. 分析原理

在有吡啶和甲醇共存时，碘能与水和二氧化硫发生化学反应，1 mol 碘只与 1 mol 水作用，反应式如下：

$$C_5H_5N \cdot I_2 + C_5H_5N \cdot SO_2 + C_5H_5N + H_2O + CH_3OH \longrightarrow 2C_5H_5N \cdot HI + C_5H_6N \left[SO_4CH_3 \right]$$

卡尔·费休法又分为库仑法和容量法。库仑法测定所用的碘是通过化学反应产生的,只要电解液中存在水,所产生的碘就会和水以1:1的比例按照化学反应式进行反应。当所有的水都参与了化学反应,过量的碘就会在电极的阳极区域形成,反应终止。容量法测定的碘是作为滴定剂加入的,滴定剂中碘的浓度是已知的,根据消耗滴定剂的体积,计算消耗碘的量,从而计算出被测物质水的含量。

2. 试剂和仪器

除非另有规定,本方法中所用试剂均为分析纯。

(1)无水甲醇(CH_3OH):优级纯。

(2)卡尔·费休试剂。

(3)分析天平:感量为0.1 mg。

(4)卡尔·费休水分测定仪。

3. 实验步骤

(1)容量法

在反应瓶中加一定体积(浸没铂电极)的甲醇,边搅拌边用卡尔·费休试剂滴定至终点。加入10 mg水(精确至0.000 1 g),滴定至终点并记录卡尔·费休试剂的用量(V)。卡尔·费休试剂的滴定度按式(1-3)计算:

$$T = \frac{m}{V} \tag{1-3}$$

式中:

T——卡尔·费休试剂的滴定度,mg/mL;

m——水的质量,mg;

V——滴定水消耗的卡尔·费休试剂的用量,mL。

(2)样品前处理

可粉碎的固体样品要尽量粉碎,使之均匀。

(3)样品中水分的测定

于反应瓶中加一定体积的甲醇或卡尔·费休水分测定仪中规定的溶剂浸没铂电极,边搅拌边用卡尔·费休试剂滴定至终点。迅速将易溶于上述溶剂的样品直接加入滴定杯中;对于不易溶解的样品,应采用对滴定杯进行加热或加入已测定水分的其他溶剂辅助溶解,然后用卡尔·费休试剂滴定至终点。对于某些需要较长时间滴定的样品,需要扣除其漂移量。

(4)漂移量的测定

在滴定杯中加入与测定样品一样的溶剂,滴定至终点,放置不少于 10 min 后,再滴定至终点,两次滴定之间的单位时间内的体积变化即为漂移量(D)。

4.结果分析

(1)分析结果的表述

固体样品中水分的含量按式(1-4)、液体样品中水分的含量按式(1-5)进行计算。

$$\omega = \frac{(V_1 - D \times t) \times T}{m} \times 100 \qquad (1-4)$$

$$\omega = \frac{(V_1 - D \times t) \times T}{V_2 \rho} \times 100 \qquad (1-5)$$

式中:

ω——每 100 g 样品中水分的含量,g;

V_1——滴定样品时卡尔·费休试剂的体积,mL;

T——卡尔·费休试剂的滴定度,g/mL;

m——样品质量,g;

V_2——液体样品体积,mL;

D——漂移量,mL/min;

t——滴定时所消耗的时间,min;

ρ——液体样品的密度,g/mL。

每 100 g 样品水分含量≥1 g 时,计算结果保留三位有效数字;每 100 g 样品

水分含量 <1 g时,计算结果保留两位有效数字。

(2)精密度

在重复性条件下获得的两次独立测定结果的绝对差值不得超过算术平均值的10%。

5.说明及注意事项

(1)该法不适于能与卡尔·费休试剂的主要成分反应并生成水的样品以及能还原碘或氧化碘化物的样品中水分的测定。

(2)样品中含有的氧化剂、还原剂、碱性氧化物、氢氧化物、碳酸盐、硼酸等,都会与卡尔·费休试剂所含组分发生反应,干扰测定。

6.思考题

试分析卡尔·费休法测定产生误差的原因。

第三节 米糠及米糠油下脚料中 粗脂肪含量的测定

一、能力素养

1.熟悉经典索氏提取法测定食品中粗脂肪的方法,掌握质量分析的基本操作,包括样品处理、干燥、恒重等。

2.熟练 GB 5009.6—2016、GB/T 14772—2008、GB/T 5512—2008 以及 GB/T 15674—2009 中脂肪测定的基本操作技能。

二、知识素养

脂类通常包括脂肪(三酰甘油)和一些类脂质,如磷脂、糖脂及固醇等。

三、索氏提取法

1.分析原理

本法用适当溶剂将脂肪提出后进行称量,该法适用于固体和液体样品。通常将样品浸于无水乙醚或沸点 30~60 ℃ 的石油醚中,借助于索氏提取器进行循环抽提。用本法提取得到的是脂肪类物质的混合物,包含脂肪、磷脂、酯、固醇、游离脂肪酸、芳香油、某些色素及有机酸等,因此称为粗脂肪。

2.试剂和仪器

除非另有规定,本方法中所用试剂均为分析纯。

(1)无水乙醚:不含过氧化物。

(2)石油醚:沸程 30~60 ℃。

(3)海砂:直径 0.65~0.85 mm,二氧化硅含量不低于 99%。

(4)脱脂棉花。

(5)滤纸筒:取长 28 cm、宽 17 cm 的滤纸,用直径 2 cm 的试管,沿滤纸长边卷成筒形,抽出试管至纸筒高的一半处,压平抽空部分,使之紧靠试管外层,用脱脂线系住,下部的折角向上折,压成圆形底部,抽出试管,即成直径 2 cm、高约 7.5 cm(高度不能超过索氏提取器的弯管)的纸筒。

(6)索氏提取装置:见图 1-2 所示。

图 1-2　索氏提取装置

（7）电热恒温干燥箱。

（8）干燥器：有多孔铝或陶瓷托盘，内盛变色硅胶干燥剂。

（9）恒温水浴锅。

（10）研钵。

3. 分析步骤

（1）样品的制备

①固体米糠样品：准确称取均匀样品 2 ~ 5 g（精确至 0.1 mg），必要时伴以海砂研细，无损地装入滤纸筒内。

②液体或半固体米糠油下脚料：准确称取均匀样品 5 ~ 10 g（精确至 0.1 mg），置于蒸发皿中，加入海砂约 20 g，搅匀后于沸水浴上蒸干，然后在 95 ~ 105 ℃下干燥。研细后无损地转入滤纸筒内，用沾有乙醚的脱脂棉擦净所用器

皿,并将脱脂棉也放入滤纸筒内。

(2)索氏提取器的清洗

将索氏提取器各部位充分洗涤并用蒸馏水清洗后干燥。脂肪烧瓶在103 ± 2 ℃的干燥箱内干燥至恒重(前后两次称量差不超过2 mg)。

(3)样品测定

①将滤纸筒放入索氏提取器的抽提筒内,连接已干燥至恒重的脂肪烧瓶,将乙醚(或石油醚)由提取器冷凝管上端加入至瓶内容积的2/3处,通入冷凝水,将底瓶浸没在水浴中加热,用一小团脱脂棉轻轻塞入冷凝管上口。

②提取温度的控制:水浴温度控制在提取液每6～8 min回流一次为宜。

③提取时间的控制:提取时间视样品中粗脂肪含量而定,一般样品提取6～12 h,坚果样品提取约16 h。提取结束时,将一滴提取液滴于毛玻璃板上,如无油斑则表明提取完全。

④提取完毕。取下脂肪烧瓶,回收乙醚(或石油醚)。待烧瓶内乙醚(或石油醚)仅剩下1～2 mL时,在水浴上赶尽残留的溶剂,于95～105 ℃下干燥2 h后,置于干燥器中冷却至室温,称量。继续干燥30 min后冷却称量,反复干燥至恒重(前后两次称量差不超过2 mg)。

4.结果分析

(1)实验结果记录

实验结果记录见表1-6。

表1-6　实验结果记录

样品的质量 m/g	脂肪烧瓶的质量 m_0/g	脂肪和脂肪烧瓶的质量 m_1/g			
		第一次	第二次	第三次	恒重值

(2)分析结果的表述

恒重后按式(1-6)计算样品的粗脂肪百分含量。

$$\omega = \frac{m_1 - m_0}{m} \times 100\% \tag{1-6}$$

式中：

ω——样品中粗脂肪的质量分数；

m——样品的质量,g；

m_0——脂肪烧瓶的质量,g；

m_1——脂肪和脂肪烧瓶的质量,g。

(3)精密度

在重复性条件下获得的两次独立测定结果的绝对差值不得超过算术平均值的10%。

5.说明及注意事项

(1)样品研细前应干燥,装样品的滤纸筒一定要紧密,样品不能外漏,否则重做。

(2)放入滤纸筒的高度不能超过回流弯管,否则乙醚不易穿透样品,脂肪不能全部提取出。

(3)提取时水浴温度不宜过高,一般使乙醚刚开始沸腾即可(45 ℃左右)。回流速度以每小时 8~12 次为宜。

(4)所用乙醚必须是无水的,如有水分则可能将样品中的糖以及无机物提取出,造成误差。如果没有无水乙醚,可以自己制备,制备方法如下:将无水石膏 50 g 加入 1 000 mL 乙醚中,振摇数次,静置 10 h 后蒸馏,收集 35 ℃以下的蒸馏液(即为无水乙醚)。

(5)冷凝管上端最好连接一个氯化钙干燥管,这样不仅可以防止空气中的水分进入,而且还可以避免乙醚挥发在空气中导致实验室环境空气的污染。如无此装置,塞一团干脱脂棉亦可。

(6)将提取瓶放在干燥箱内干燥时,瓶口向一侧倾斜45 ℃放置,使挥发物乙醚与空气形成对流,利于干燥。

(7)样品及乙醚提出物在干燥箱内干燥时间不宜过长,因为一些不饱和度高的脂肪酸在加热过程中易被氧化成不溶于乙醚的物质,中等不饱和脂肪酸受热易被氧化而使质量增加。在没有真空干燥箱的条件下,可以在100～105 ℃干燥1.5～3 h。

(8)如果没有乙醚或无水乙醚时,也可用石油醚提取,石油醚沸点30～60 ℃为好。

(9)挥发乙醚或石油醚时,不能直接用火加热。

(10)粮食中脂肪含量的测定不能以石油醚代替乙醚,因为它不能溶解全部的植物脂类物质。

6.思考题

(1)如何提高测定结果的准确性?

(2)对于富含油脂的油料食品,应如何处理?

(3)如何快速鉴别无水乙醚中的过氧化物?

四、酸水解法

1.分析原理

样品经酸水解后用乙醚提取,再除去溶剂即得游离及结合脂肪总量。

2.试剂和仪器

除非另有规定,本方法中所用试剂均为分析纯。

(1)同索氏提取法。

(2)具塞刻度量筒:100 mL。

(3)大试管:50 mL。

(4)盐酸。

(5)乙醇:95%。

3．分析步骤

(1)样品的制备

①固体样品：称取 2 g 按索氏提取法制备的固体样品置于 50 mL 大试管内，加水 8 mL，混匀后再加盐酸 10 mL。

②液体样品：称取 10 g，置于 50 mL 大试管内，加盐酸 10 mL。

(2)消化

将试管放入 70～80 ℃水浴中，用玻璃棒每隔 5～10 min 搅拌一次，至样品完全消化为止，为 40～50 min。

(3)测定

取出消化好的样品，与 10 mL 乙醇混合，冷却后将混合物转入 100 mL 的具塞量筒中，用 25 mL 乙醚多次洗涤试管，一并倒入量筒中。待乙醚全部转入量筒后，加塞振摇 1 min 后小心开塞，放出气体后再塞好，静置 12 min，小心开塞，并用石油醚与乙醚等量的混合液冲洗瓶塞和筒口附着的脂肪，静置 10～20 min，待分层清晰，吸出上层已恒重的锥形瓶内，再加乙醚 5 mL 于具塞量筒内，振摇，静置后，将上层乙醚吸出，放入原锥形瓶内。将锥形瓶置水浴上蒸干后置 95～105 ℃干燥箱中干燥 2 h，取出放入干燥器内冷却 0.5 h 后称重，重复以上操作直至恒重。

4．结果分析

(1)实验结果记录

同索氏提取法。

(2)分析结果的表述

同索氏提取法。

(3)精密度

在重复性条件下获得的两次独立测定结果的绝对差值不得超过算术平均值的10%。

5.说明及注意事项

(1)通过加热和加酸水解,破坏样品中的蛋白质及纤维组织,使结合的脂肪游离,再用乙醚提取。

(2)水解时应防止水分大量损失,从而造成酸浓度升高。

(3)能溶于乙醇的物质会留在溶液内,石油醚可使乙醇溶解物残留在水层,并使分层清晰。

(4)溶剂挥干后,如残留物中有黑色焦油状杂质,会使测定结果偏大,造成误差,该杂质是由分解物与水一同混入所致,可用等量的乙醚及石油醚溶解后过滤,再次挥干溶剂。

6.思考题

酸水解法测定脂肪的特点?

第四节　稻谷及其副产物中粗纤维含量的测定

一、能力素养

1.熟练掌握稻谷及其副产物中粗纤维含量的测定。

2.熟悉 GB/T 6434—2006、GB/T 18868—2002、GB/T 5009.10—2003、GB/T 5515—2008 以及 SN/T 0800.8—1999 中对粗纤维测定的具体要求。

二、知识素养

粗纤维(Crude Fiber,CF)存在于植物细胞壁中,包括纤维素、半纤维素、木质素等成分。通常所说的粗纤维是指膳食纤维,是碳水化合物中的一类非淀粉多糖,大多数口感粗糙,难以被人体消化吸收。粮食、果蔬、豆类等均含有膳食纤维。膳食纤维分为可溶性和不溶性两种。可溶性膳食纤维包括果胶、树胶和黏胶,存在于水果、燕麦、大麦和部分豆类中,可溶于水。而不溶性膳食纤维包括纤维素和半纤维素等,绝大部分膳食纤维为不溶性。市场上大部分粗纤维食品中都添加了玉米、麦麸、米糠等以增加其不溶性膳食纤维的含量。

常规测定粗纤维的方法是将样品分别经 1.25% 稀酸和稀碱煮沸 30 min,测定所剩余的不被溶解的碳水化合物。

三、介质过滤法

1. 分析原理

本方法适用于粗纤维含量高于 10 g/kg 的稻谷及其副产物中粗纤维含量的测定,分析原理为样品先用沸腾的稀硫酸消解,得到的残渣过滤、洗涤后再用沸腾的氢氧化钾溶液处理,处理后的残渣再经过滤、洗涤、干燥、灰化。灰化中损失的质量相当于样品中粗纤维的质量。

2. 试剂和仪器

(1)盐酸溶液:0.5 mol/L。

(2)硫酸溶液:0.13 ± 0.005 mol/L。

(3)氢氧化钾溶液:0.23 ± 0.005 mol/L。

(4)海砂或硅藻土 545:海砂用沸腾的盐酸溶液(4 mol/L)处理,用水洗涤至中性,然后在 500 ± 25 ℃下至少加热 1 h。其他滤器辅料在 500 ± 25 ℃下至少加热 4 h。

(5)消泡剂:正辛醇。

(6)石油醚:沸程 30 ~ 60 ℃。

(7)仪器和设备:

①感量为 1 mg 和 0.1 mg 的分析天平、万能粉碎机、陶瓷筛板、灰化皿以及干燥器等。

②滤埚:石英、陶瓷或者硬质玻璃材质,带有烧结的滤板,孔径 40 ~ 100 μm(孔隙度为 P100)。在初次使用前,将新滤埚小心地逐步加温,温度不超过

525 ℃,并在 500±25 ℃下保持数分钟。也可以使用具有同样性能的不锈钢坩埚,其不锈钢滤板的孔径为 90 μm。

③冷提取装置:需带有滤埚支架,以及连接真空和液体排出孔的有旋塞排放管和连接滤埚的连接环等部件。

④加热装置(适用于手工测定):带有冷却装置,以保证溶液沸腾时体积不发生变化。

⑤加热装置(适用于半自动测定):用于酸碱消解。包括滤埚支架,连接真空和液体排出孔的有旋塞排放管,带有回流冷凝器的消解圆筒(容积大于 270 mL),连接加热装置、滤埚和消解圆筒的连接环。压缩空气可以选配。使用前装置用沸水预热 5 min。

3. 分析步骤

(1) 样品制备

用粉碎机将风干的样品粉碎,通过筛孔为 1 mm 的筛,然后将样品充分混合均匀。

(2) 手工测定

①试料

称取 1 g 制备好的样品,准确至 0.1 mg(m_1)。如果样品脂肪含量超过 100 g/kg,或样品中的脂肪不能用石油醚提取,则将样品转移至滤埚中,进行预脱脂处理;如果样品中脂肪含量低于 100 g/kg,则将样品转移至烧杯中。如果其碳酸盐(以碳酸钙计)含量超过 50 g/kg,则要进行除碳酸盐处理;如果其碳酸盐(以碳酸钙计)含量低于 50 g/kg,则直接按酸消解方式进行操作。

②预脱脂

在冷提取装置中,在真空条件下,样品用 30 mL 石油醚脱脂后,抽吸干燥残渣,重复 3 次,将残渣转移至烧杯中。

③除碳酸盐

样品中加入 100 mL 盐酸,连续振摇 5 min,小心地将溶液倒入铺有过滤辅料的滤埚中用水洗涤两次,每次 100 mL,充分洗涤使尽可能少的物质残留在过

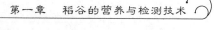

滤辅料上。把滤埚中的物质转移至原来的烧杯里,按酸消解方式进行操作。

④酸消解

向样品中加入 150 mL 硫酸,尽快加热至沸腾,并保持沸腾状态 30 ± 1 min。开始沸腾时,缓慢转动烧杯。如果起泡,加入数滴消泡剂。开启冷却装置保持溶液体积不发生变化。

⑤第一次过滤

在滤埚中铺一层过滤辅料,厚度约为滤埚高度的 1/5,过滤辅料上可盖筛板以防溅起。当酸消解结束时,把液体通过搅拌棒倾入滤埚中,用弱真空抽滤,使 150 mL 酸消解液几乎全部通过。若发生堵塞而无法抽滤,用搅拌棒小心地拨开覆盖在过滤辅料上的粗纤维。残渣用热水洗涤 5 次,每次约 10 mL。注意滤埚的烧结滤板始终有过滤辅料覆盖,使粗纤维不接触烧结滤板。当停止抽气后,加入一定体积的丙酮,刚好覆盖残渣,静置数分钟后,缓慢抽滤除去丙酮,继续抽气,使空气通过残渣,使其干燥。如果样品中的脂肪不能直接用石油醚提取,则按照脱脂操作,反之按照碱消解操作。

⑥脱脂

在冷凝装置中,在真空条件下样品用 30 mL 石油醚脱脂并抽吸干燥,重复 3 次。

⑦碱消解

将残渣定量转移至酸消解用的同一烧杯中。加入 150 mL 氢氧化钾溶液,尽快加热至沸腾并保持沸腾状态 30 ± 1 min。开启冷却装置保持溶液体积不发生变化。

⑧第二次过滤

在滤埚中铺一层过滤辅料,其厚度约为滤埚高度的 1/5,过滤辅料上盖一筛板以防溅起。将烧杯中的物质过滤到滤埚里,残渣用热水洗涤至中性。残渣在真空条件下用丙酮洗涤 3 次,每次用丙酮 30 mL,每次洗涤后继续抽气以干燥残渣。

⑨干燥

在加热或冷却的过程中,滤埚的烧结滤板可能会部分松动,从而导致分析结果错误,因此应将滤埚置于灰化皿中,在 130 ℃ 干燥箱中至少干燥 2 h。滤埚和灰化皿在干燥器中冷却后,立即对滤埚和灰化皿进行称量(m_2),称量准确至

0.1 mg。

⑩灰化

把滤埚和灰化皿放到马弗炉中,在 500 ± 25 ℃下灰化。每次灰化后,让滤埚和灰化皿在马弗炉中初步冷却,待温热时取出,置于干燥器中,使其完全冷却,再进行称量,直至冷却后两次的称量差值不超过 2 mg。最后一次称量结果记为 m_3,称量准确至 0.1 mg。

⑪空白测定

用大约相同数量的过滤辅料按上述方法进行空白测定,但不加样品。灰化引起的质量损失不应超过 2 mg。

(3)半自动测定

①试料

称取 1 g 制备的样品,准确至 0.1 mg,转移至带有约 2 g 过滤辅料的滤埚中。如样品中脂肪含量大于 100 g/kg,或者样品中的脂肪不能用石油醚提取,则进行预脱脂处理。如果样品中脂肪含量不超过 100 g/kg,其碳酸盐(以碳酸钙计)含量超过 50 g/kg,则进行除去碳酸盐处理;反之,则进行酸消解处理。

②预脱脂

将滤埚和冷提取装置连接,在真空条件下样品用 30 mL 石油醚脱脂后,抽吸干燥残渣,重复 3 次。如果其碳酸盐(以碳酸钙计)含量超过 50 g/kg,则进行除去碳酸盐处理;反之,则进行酸消解处理。

③除去碳酸盐

将滤埚和加热装置连接,加入 30 mL 盐酸,放置 1 min。用 30 mL 水洗涤并过滤样品,重复 3 次,然后按酸消解操作。

④酸消解

将消解圆筒和滤埚连接,将 150 mL 沸腾的硫酸加入带有滤埚的圆筒中,如果起泡,加入数滴消泡剂,尽快加热至沸腾,并保持剧烈沸腾 30 ± 1 min。

⑤第一次过滤

停止加热,打开排放管旋塞,在真空条件下,通过滤埚将硫酸滤出,残渣每次用 30 mL 热水洗涤,至少 3 次,洗涤至中性,每次洗涤后继续抽气以干燥残渣。如果过滤器堵塞,可小心吹气以排除堵塞。如果样品中的脂肪不能直接用

石油醚提取,则按照脱脂操作,反之则按照碱消解操作。

⑥脱脂

滤埚和冷凝装置中残渣在真空条件下用丙酮洗涤 3 次,每次用丙酮 30 mL。然后残渣在真空条件下用石油醚洗涤 3 次,每次用 30 mL。每一次洗涤后继续抽气以干燥残渣。

⑦碱消解

关闭排放管旋塞,将 150 mL 沸腾的氢氧化钾溶液转移至带有滤埚的圆筒中,加入数滴消泡剂,尽快加热至沸腾,并保持剧烈沸腾 30 ± 1 min。

⑧第二次过滤

停止加热,打开排放管旋塞,在真空条件下通过滤埚将氢氧化钾溶液滤去,每次用 30 mL 热水清洗残渣,至少 3 次,直至中性,每次洗涤后继续抽气以干燥残渣。如果过滤器堵塞,可小心吹气以排除堵塞。将滤埚连接到冷提取装置上,残渣在真空条件下洗涤 3 次,每次用 30 mL 丙酮,每次洗涤后都要继续抽气以干燥残渣。

⑨干燥

将滤埚置于灰化皿中,在 130 ℃ 干燥箱中至少干燥 2 h。在灰化皿冷却的过程中,滤埚的烧结滤板可能会部分松动,从而导致分析结果错误,因此应将滤埚置于灰化皿中。滤埚和灰化皿在干燥器中冷却,从干燥器中取出后,立即对滤埚和灰化皿进行称量,结果记为 m_2,称量准确至 0.1 mg。

⑩灰化

把滤埚和灰化皿放到马弗炉中,在 500 ± 25 ℃ 下灰化。每次灰化后,让滤埚和灰化皿在马弗炉中初步冷却,待温热后取出置于干燥器中,使其完全冷却,再进行称量,直到冷却后两次的称量差值不超过 2 mg。最后一次称量结果记为 m_3,称量准确至 0.1 mg。

⑪空白测定

用大约相同数量的过滤辅料按上述方法进行空白测定,但不加样品。灰化引起的质量损失不应超过 2 mg。

4. 结果分析

(1) 分析结果的表述

样品中粗纤维的含量按式(1-7)计算。

$$\omega_1 = \frac{m_2 - m_3}{m_1} \qquad (1-7)$$

式中:

ω_1——样品中粗纤维的含量,g/kg;

m_1——样品质量,g;

m_2——灰化皿、滤埚以及在130 ℃下干燥后获得的残渣的质量,mg;

m_3——灰化皿、滤埚以及在500±25 ℃下灰化后获得的残渣的质量,mg。

(2) 精密度

在重复性条件下获得的两次独立测定结果的绝对差值不得超过算术平均值的10%。

四、简易法

1. 分析原理

在硫酸作用下,样品中的淀粉、果胶质和半纤维素等经水解除去,再用碱处理,除去蛋白质及脂肪,剩余的残渣为粗纤维。如其中含有不溶于酸碱的杂质,可灰化后除去。

2. 试剂及仪器

(1)硫酸:1.25%。

(2)氢氧化钾溶液:1.25%。

(3)石棉:加5%氢氧化钠溶液浸泡石棉,在水浴上回流8 h以上,再用热水充分洗涤。然后用20%盐酸在沸水浴上回流8 h以上,再用热水充分洗涤,干燥。在600~700 ℃中灼烧后,加水使之成混悬物,贮存于具塞玻璃瓶中。

(4)仪器和设备:感量为 1 mg 和 0.1 mg 的分析天平、G2 垂融坩埚等。

3.分析步骤

(1)样品制备及酸解

将 20～30 g 捣碎的样品(或 5 g 干样品),放入 500 mL 锥形瓶中,加入 200 mL 煮沸的硫酸(浓度为 1.25%),加热使微沸,保持体积恒定,维持 30 min,每隔 5 min 摇动锥形瓶一次,以充分混合瓶内物质。

(2)洗涤

取下锥形瓶,立即用亚麻布过滤,用沸水洗涤至洗液不呈酸性。

(3)测定

用 200 mL 煮沸的 1.25% 氢氧化钾溶液,将亚麻布上的存留物洗入原锥形瓶内加热微沸 30 min 后,取下锥形瓶,立即用亚麻布过滤,沸水洗涤 2～3 次后,移入已干燥并称量的 G2 垂融坩埚或同型号的垂融漏斗中,抽滤,用热水充分洗涤后,抽干。再依次用乙醇和乙醚洗涤 1 次。将坩埚和内容物在 105 ℃ 干燥箱中干燥后称量,重复操作,直至恒量。

如样品中含有较多的不溶性杂质,则可将样品移入石棉坩埚中,干燥称量后,再移入 550 ℃ 高温炉中灰化,使含碳的物质全部灰化,置于干燥器内,冷却至室温后称量,所损失的量即为粗纤维量。

4.结果分析

(1)分析结果的表述

样品中粗纤维的含量按式(1-8)计算。

$$\omega = \frac{m_1}{m_2} \times 100\% \qquad (1-8)$$

式中:

ω——样品中粗纤维的含量;

m_1——经灰化损失的质量,g;

m_2——样品的质量,g。

(2)精密度

在重复性条件下获得的两次独立测定结果的绝对差值不得超过算术平均值的 10%。

五、近红外光谱法

1.分析原理

本方法除适用于稻谷及其副产品中粗纤维含量的测定以外,还适用于样品中水分、粗蛋白、粗脂肪和各种植物性样品中赖氨酸、甲硫氨酸的测定,本法的最低检出量为 0.001%。

近红外光谱法(NIR)利用样品中 C—H、N—H、O—H、C—C 等化学键的振动或转动,以漫反射方式获得在近红外区的吸收光谱,通过主成分分析、偏最小二乘法、人工神经网等现代化学和计量学的手段,建立物质光谱与待测成分含量间的线性或非线性模型,从而实现用物质近红外光谱信息对待测成分含量的快速计量。

2.仪器和设备

(1)设备:带可连续扫描单色器的漫反射型近红外光谱仪或其他类产品,光源为 100 W 钨卤灯,检测器为硫化铅,扫描范围为 1 100~2 500 nm,分辨率为 0.79 nm,带宽为 10 nm,信号的线形为 0.3,波长准确度为 0.5 nm,波长的重现性为 0.03 nm,在 2 500 nm 处杂散光为 0.08%,在 1 100 nm 处杂散光为 0.01%。

(2)软件:Windows 版本的数据在线工作站。

(3)样品槽:长方形样品槽,10 cm×4 cm×1 cm,窗口为能透过红外线的石英玻璃,盖子为白色泡沫塑料,可容纳样品 5~15 g。

(4)其他:感量为 1 mg 和 0.1 mg 的分析天平、万能粉碎机等。

3. 分析步骤

（1）样品制备

用粉碎装置将实验室风干的样品粉碎,使其能完全通过筛孔为 0.42 mm 的筛,然后将样品充分混合均匀。

（2）仪器校准

①仪器噪声

32 次(或更多次)扫描仪器内部陶瓷参比,以多次扫描光谱吸光度残差的标准差来反映仪器噪声。

②波长准确度和重现性

用加盖的聚苯乙烯皿来测定仪器的波长准确度和重现性。以陶瓷参比做对照,测定聚苯乙烯皿中聚苯乙烯的 3 个吸收峰的位置,即 1 680.3 nm、2 164.9 nm、2 304.2 nm,该 3 个吸收峰位置的漂移应小于 0.5 nm,每个波长处漂移的标准差应小于 0.05 nm。

③仪器外用检验样品测定

将稻谷粉碎样品(通常为米糠)密封在样品槽中作为仪器外用检验样品,测定该样品中粗蛋白、粗纤维、粗脂肪和水分含量并做 t 检验,应无显著差异。

④定标模型的选择

定标模型的选择原则为定标样品的 NIR 能代表被测定样品的 NIR。操作上是比较它们光谱间的 H 值,如果待测样品 H 值 ≤0.6,则可选用该定标模型;如果待测样品 H 值 >0.6,则不能选用该定标模型;如果没有现有的定标模型,则需要对现有模型进行升级。

⑤定标模型的升级

定标模型升级的目的是使该模型在 NIR 上能适应待测样品。操作上是选择25～45 个当地样品,扫描其 NIR,并用经典方法测定水分、粗蛋白、粗纤维、粗脂肪或赖氨酸和甲硫氨酸含量,然后将这些样品加入定标样品中,用原有的定标方法进行计算,即获得升级的定标模型。

（3）测定

①定标模型测定

取粗纤维定标样品 106 个,以改进的偏最小二乘法建立定标模型,模型的参数为 SEP = 0.41%、Bias = 0.19%、MPLS 独立向量（Term）= 6,光谱的数学处理为一阶导数,每隔 8 nm 进行平滑运算,光谱的波长范围为 1 108 ~ 2 392 nm。

②对样品的测定

根据样品 NIR 选用对应的定标模型,对样品进行扫描,然后进行样品 NIR 与定标样品间的比较。如果样品 H 值 ≤ 0.6,则仪器将直接给出样品的粗纤维含量;如果样品 H 值 > 0.6,则说明该样品已超出了该定标模型的分析能力,对于该定标模型,该样品被称为异常样品。

4. 结果分析

（1）异常样品的分类

异常样品可为"好""坏"两类,"好"的异常样品加入定标模型后可增加该模型的分析能力,而"坏"的异常样品加入定标模型后,只能降低分析的准确度。"好""坏"异常样品的判别标准有二:一是 H 值,通常"好"的异常样品 H 值 > 0.6 或 H 值 ≤ 5,通常"坏"的异常样品 H 值 > 5;二是 SEC,通常"好"的异常样品加入定标模型后,SEC 不会显著增加,而"坏"的异常样品加入定标模型后,SEC 将显著增加。

（2）异常样品的处理

NIR 分析中发现异常样品后,要用经典方法对该样品进行分析,同时对该异常样品类型进行确定,属于"好"的异常样品则保留,并加入定标模型中,对定标模型进行升级;属于"坏"的异常样品则放弃。

（3）分析的允许误差

其分析的允许误差见表 1 – 7。

表1-7 粗纤维含量测定允许误差

含量	平行样间的相对偏差小于	测定值与经典方法测定值之间的偏差小于
>18	2	0.45
>10 且≤18	3	0.35
≤10	4	0.30

六、商检行业标准测定

1. 分析原理

脱脂后的样品经硫酸标准溶液煮沸,分离并冲洗不溶的残渣,然后用氢氧化钠标准溶液煮沸残渣,再分离、冲洗、干燥,扣除其灰分重。

2. 试剂及仪器

(1)0.313 ±0.005 mol/L 氢氧化钠标准溶液:相当于质量分数1.25%。

(2)0.128 ±0.003 mol/L 硫酸标准溶液:相当于质量分数1.25%。

(3)其他:95%乙醇、乙醚以及正辛醇等,以上试剂均为分析纯。

(4)仪器和设备:

①感量为1 mg 和0.1 mg 的分析天平、万能粉碎机、陶瓷筛板、灰化皿、干燥箱以及干燥器等。

②消化容器:口径不小于3 cm 的500 mL 磨口锥形瓶,配有球形冷凝管。

3. 分析步骤

(1)样品制备

取40～60 g 样品,先用5～10 g 样品清理粉碎机,弃去粉碎物。粉碎剩余样品,通过1 mm 筛孔的样品不少于95%。收集粉碎物于磨口瓶中,混匀备用。

脂肪含量高于10%的样品应先脱脂:将样品包于滤纸内置于索氏提取器中,加入抽提瓶容量2/3 的乙醚,装上回流冷凝器,抽取1～2 h,除去溶剂,于

80 ℃以下干燥箱内干燥约 1 h(也可用测定脂肪后的残渣测定粗纤维。注意在计算结果时,应考虑脱脂的质量损失)。

(2)样品测定

①取样

称取样品 0.3 ~ 3 g,相当于含粗纤维 0.03 ~ 0.15 g。

②酸处理

在装有样品的消化瓶中,加入 20 mL 预先在回流装置下煮沸的硫酸标准溶液,立即将消化瓶连接于冷凝管上并开始加热,消化瓶内物质在 1 min 内煮沸,继续徐徐沸腾至 30 min。在消化过程中,每隔 5 min 摇动消化瓶一次,使内容物充分反应,并将附着在瓶壁上的残渣冲下。消化 30 min 结束,停止加热,立即用减压过滤装置经 G2 玻璃砂芯坩埚过滤,用约 95 ℃蒸馏水洗涤直至不再呈酸性(可用石蕊试纸检测),将坩埚内的残渣全部移入原消化瓶内。如产生大量泡沫,可加几滴正辛醇做消泡剂。

③碱处理

加入 200 mL 预先在回流装置下煮沸的氢氧化钠标准溶液,操作同酸处理,加热微沸 30 min 后,再用减压过滤装置经由原 G2 玻璃砂芯坩埚过滤,并用 95 ℃蒸馏水洗涤至中性。

④溶剂洗涤

在减压过滤装置上先用 20 ~ 25 mL 热乙醇(50 ~ 60 ℃)分 3 次洗涤残渣。再用 20 ~ 25 mL 乙醚分 3 次洗涤,抽净残留乙醚。

⑤干燥与灰化

先将坩埚连同残渣在 130 ± 2 ℃的干燥箱中干燥 2 h,取出,放入干燥器内冷却至室温,称重(准确至 0.5 mg);再将其置于 550 ℃的高温炉中灼烧不少于 30 min,直至含碳物完全灰化,待高温炉降至 150 ℃,取出坩埚,放入干燥器内冷却至室温后称重。

同一样品进行两个平行实验。

4. 结果分析

(1)样品中粗纤维的含量按式(1 – 9)计算。

$$\omega = \frac{m_1 - m_2}{m} \times 100\% \qquad\qquad (1-9)$$

式中:

ω——样品中粗纤维的含量;

m——样品质量,g;

m_1——干燥后获得的残渣及坩埚的质量,g;

m_2——灰化后获得的残渣及坩埚的质量,g。

(2)样品中干态粗纤维的含量按式(1-10)计算。

$$干态粗纤维含量 = \frac{\omega}{1-\omega_1} \times 100\% \qquad\qquad (1-10)$$

式中:

ω——样品中粗纤维的含量;

ω_1——样品中水分及挥发物的含量;

取两次测定结果的算术平均值,数据取小数点后 2 位。

(3)精密度。

若粗纤维含量低于2%,平行实验结果之绝对差值不应超过0.1%;若粗纤维含量高于2%,两个结果相对偏差不应超过5%。

第二章　玉米的营养与检测技术

玉米俗称苞米、棒子、玉茭等,属禾本科一年生草本植物,原产于中南美洲。玉米是三大粮食作物之一。黑龙江省是我国重要的玉米商品粮生产基地,玉米种植自然条件优越,资源优势十分明显。玉米素有长寿食品的美称,籽粒中的蛋白质、脂肪、维生素A、维生素B_1、维生素B_2含量均比稻谷多,具有开发高营养、高生物学功能食品的巨大潜力。应用传统工艺结合现代高新技术,对玉米进行合理开发与加工,将极大地丰富人们的饮食,提高玉米的利用价值,有利于实现农民的增产增收。同时,近年来鲜食玉米由于营养丰富,易消化吸收,口感好,成为许多国家和地区人们餐桌上的主要食品。当前部分发达国家把鲜食玉米视为黄金食品、长寿食品,将其列为重点产业。对鲜食玉米的重视程度,发展中国家也在逐渐提高。玉米作为食品,从过去的主食角色向现代的蔬菜角色转变,而且转变速度十分迅速、快捷。鲜食玉米好吃、营养、多样化的特点,催促人们发展鲜食玉米产业。

第一节　玉米的加工种类与营养

一、玉米的营养价值

玉米因具有较高的营养价值,被称为"黄金作物"。营养学家一致认为,在人类所有的主食中,玉米的营养价值和保健作用最高。

玉米中纤维素含量是大米的 10 倍,大量的纤维素能刺激胃肠蠕动,缩短食物残渣在肠内的停留时间,加速粪便排泄(同时将有害物质体排出体外),对便秘、肠炎及直肠癌的防治具有重要的意义。

玉米中含有丰富的维生素,每 100 g 玉米中叶酸含量约为 12 μg,钾含量为 238~300 μg,镁含量约为 96 μg。研究表明,镁不仅可以抑制癌细胞的发展,还能够促使体内废物排出体外,起到预防癌症的作用。玉米中含有的天然维生素 E 具有延缓衰老、防止皮肤病变的功能,还能减轻动脉硬化和防止脑功能衰退。玉米中含有的维生素 B_6,能够刺激胃肠蠕动、加速排便。玉米中含有的烟酸是葡萄糖耐量因子(GTF)的组成物,可增强胰岛素作用,食用后能够起到调节血糖的作用。玉米中含有的叶黄素和玉米黄质能够起到抗眼疲劳、刺激大脑细胞、增强记忆力的作用,还能够预防癌症。但值得注意的是,叶黄素和玉米黄质只存在于黄色的玉米中,因此,经常用眼的人应多吃一些黄色的玉米。玉米中所含的硒被称为"生命元素",其通过促使人体内过氧化物的分解,降低分子氧的供应,进而抑制癌症的发展。每 100 g 玉米中钙含量大约为 300 mg,与乳制品中的钙含量相当。玉米中含有的谷胱甘肽,能够使致癌物质失去活性并通过消化道排出体外,是人体内最有效的抗癌物,另外,它还是一种强抗氧化剂,可以加速自由基的老化。

中医认为,玉米性平味甘,有开胃、健脾、除湿、利尿等作用,主治腹泻、消化不良以及水肿等。玉米中含有丰富的不饱和脂肪酸,尤其是亚油酸的含量高达 60% 以上,它和玉米胚芽中的维生素 E 协同作用,能够降低血液胆固醇的浓度并防止其沉积于血管壁上。因此,食用玉米在一定程度上能够预防冠心病、动脉粥样硬化、高血脂及高血压。

二、玉米及其部分加工产品

玉米具有较高的利用价值,世界玉米总产量的 1/3 用作粮食,其余大部分用于基础加工和工业加工。

1. 基础加工

(1)特制玉米粉

玉米籽粒中脂肪含量较高,玉米籽粒在贮藏过程中会因脂肪氧化而产生不良味道。特制玉米粉是将玉米籽粒加工成粒度较细的粉末,使脂肪含量降低到 1% 以下,适于与小麦面粉混合制作各种面食。制作的产品含有丰富的蛋白质和维生素,营养价值高,是儿童和老年人的食用佳品。

(2)膨化食品

玉米膨化食品具有疏松多孔、结构均匀、质地柔软的特点,不仅色、香、味俱佳,而且提高了营养价值和食品消化率。

(3)玉米片

玉米片是一种快餐食品,便于携带,保存期长,既可直接食用,又可采用不同佐料制成各种风味的方便食品,用水、奶、汤冲泡即可食用。

(4)甜玉米

能够鲜食或充当蔬菜,常见的加工产品有整穗速冻、籽粒速冻、罐头3种。

2.工业加工

玉米籽粒是重要的工业原料,在食品、化工、发酵、医药、纺织、造纸等工业生产中能够制造出种类繁多的产品,另外,副产物如穗轴可生产糠醛,玉米秸秆可以发电,秸秆气化、秸秆饮料及秸秆饲料等行业也在快速发展。同时,玉米穗轴和秸秆还可以培养食用菌,苞叶可编织提篮、地毯等多种手工艺品,远销国外。

(1)玉米淀粉

玉米在淀粉生产中具有重要作用。玉米淀粉是将玉米籽粒通过亚硫酸浸泡、破碎筛分、分离洗涤、脱水烘干制成的产品。该产品主要用于食品、医药、化工、纺织等行业,可生产饴糖、葡萄糖、高麦芽糖浆、环状糊精、变性淀粉、可溶淀粉、酸性淀粉及氧化淀粉等,还可生产酶制剂、味精、氨基酸及抗生素等。

(2)玉米的发酵加工

玉米中含有的碳水化合物通过酶解生成的葡萄糖是发酵工业的良好原料。玉米深加工的副产品,如玉米浸泡液和粉浆等可用于生产乙醇、啤酒等许多种发酵产品。

(3) 玉米制糖

我国玉米的产量比甘蔗的产量大得多,玉米是制糖和生产乙醇的主要原料,特别是在甘蔗无法生长的北方,玉米制糖显得更为重要。玉米制糖的原料玉米籽粒和玉米芯来源丰富、价格低廉。

玉米制糖的产品基本上分为四大类:其一是传统的玉米糖浆,即玉米淀粉经不完全糖化而得到的产品,糖分组成主要有葡萄糖、麦芽糖、低聚糖和糊精等;其二是结晶葡萄糖,这种糖的生产主要采用酶法,使淀粉的水解程度大大提高,目前产量最大的是含有一个水分子的 α - 葡萄糖,另外还有无水 α - 葡萄糖和 β - 葡萄糖;其三是固体玉米淀粉(全糖),是通过酶法将淀粉转化为含 95% ~97% 葡萄糖的糖化液,这种糖化液纯度高、甜味正,能省去结晶工序,可直接喷雾或切削成粉末状产品,适合食品工业应用;其四是果葡糖浆,它是近年来发展最快的一种新型甜味剂,其风味优于蔗糖,营养价值似蜂蜜,所以称为果葡糖浆。另外,玉米中还含有多糖类物质,研究发现,多糖是一种具有生物活性的物质,它能激活免疫细胞,提高机体免疫力,还具有抗病毒、抗衰老以及降血糖的功效。

(4) 玉米油

玉米胚经加工制得玉米油,主要为不饱和脂肪酸。其中含有的亚油酸是人体必需脂肪酸,可构成人体细胞的重要成分,在人体内能够结合胆固醇。玉米油中的谷固醇也具有降低胆固醇的功效。富含的维生素 E,具有抗氧化的功效,能预防眼干燥症、夜盲症、皮炎、支气管扩张等多种疾病,同时还具有一定的抗癌作用。玉米油因其营养价值高、耐储藏且具有多种功效,深受人们喜爱。

(5) 玉米啤酒

玉米蛋白质含量及淀粉含量均与大米接近,但蛋白质含量低于大麦,淀粉含量高于大麦,因此,可作为啤酒生产的理想原料。

(6) 玉米产业副产品的利用

玉米深加工过程中产生的胚、麸皮、玉米须、黄浆水、酒糟等副产品,可通过提纯、加工得到更具附加值的系列产品。例如:玉米胚芽蛋白中含有人体必需的氨基酸,且赖氨酸和色氨酸含量较高,生物学价值达64%~72%。玉米胚芽蛋白中的氨基酸组分和鸡蛋清(也称鸡蛋白)相近,是一种良好的营养强化剂。黄浆水可以提取玉米黄色素以及氨基酸等。玉米须含有多种活性成分,如生物性多糖、多酚、黄酮等功能成分。现代研究表明,玉米须提取物具有降血糖、增强免疫力、抑菌、抗癌等功效,因此,提取玉米须中的功能性成分能使玉米产业副产品得到更有效的利用。

第二节 玉米膨化食品中水分活度的测定

一、能力素养

1. 掌握 GB 5009.238—2016 食品中水分活度的测定。

2. 熟悉水分活度测定的意义和原理。

二、知识素养

水分活度是指样品中水分的存在状态,即水分的结合程度或游离程度。水分活度是对系统中水的能量的测量,水分活度越高,结合程度越低;水分活度越低,结合程度越高。

水分活度(A_w)的测定对食品保藏具有重要的意义。当样品体系中的温度、酸碱度和其他因素促使产品中的微生物快速生长时,调节水分活度是控制食品腐败变质最重要的手段。食品中水分活度越低,越不容易发生腐败。利用水分活度的测定,控制微生物的生长,计算食品和药品的保质期,已逐渐成为食品、医药、生物制品、粮食、饲料、肉制品等行业中的重要手段。

三、康卫皿扩散法

1. 分析原理

在恒温密封的康卫皿中,样品中的自由水与标准饱和溶液之间发生相互扩

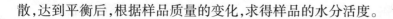

散,达到平衡后,根据样品质量的变化,求得样品的水分活度。

2. 试剂及仪器

(1)溴化锂饱和溶液(水分活度为 0.064,25 ℃):在易于溶解的温度下,准确称取 500 g 溴化锂,加入热水 200 mL,冷却至形成固液两相的饱和溶液,贮存于棕色试剂瓶中,常温下放置一周后使用。

(2)氯化锂饱和溶液(水分活度为 0.113,25 ℃):在易于溶解的温度下,准确称取 220 g 氯化锂,加入热水 200 mL,冷却至形成固液两相的饱和溶液,贮存于棕色试剂瓶中,常温下放置一周后使用。

(3)氯化镁饱和溶液(水分活度为 0.328,25 ℃):在易于溶解的温度下,准确称取 150 g 氯化镁,加入热水 200 mL,冷却至形成固液两相的饱和溶液,贮存于棕色试剂瓶中,常温下放置一周后使用。

(4)碳酸钾饱和溶液(水分活度为 0.432,25 ℃):在易于溶解的温度下,准确称取 300 g 碳酸钾,加入热水 200 mL,冷却至形成固液两相的饱和溶液,贮存于棕色试剂瓶中,常温下放置一周后使用。

(5)硝酸镁饱和溶液(水分活度为 0.529,25 ℃):在易于溶解的温度下,准确称取 200 g 硝酸镁,加入热水 200 mL,冷却至形成固液两相的饱和溶液,贮存于棕色试剂瓶中,常温下放置一周后使用。

(6)溴化钠饱和溶液(水分活度为 0.576,25 ℃):在易于溶解的温度下,准确称取 260 g 溴化钠,加入热水 200 mL,冷却至形成固液两相的饱和溶液,贮存于棕色试剂瓶中,常温下放置一周后使用。

(7)氯化钴饱和溶液(水分活度为 0.649,25 ℃):在易于溶解的温度下,准确称取 160 g 氯化钴,加入热水 200 mL,冷却至形成固液两相的饱和溶液,贮存于棕色试剂瓶中,常温下放置一周后使用。

(8)氯化锶饱和溶液(水分活度为 0.709,25 ℃):在易于溶解的温度下,准确称取 200 g 氯化锶,加入热水 200 mL,冷却至形成固液两相的饱和溶液,贮存于棕色试剂瓶中,常温下放置一周后使用。

(9)硝酸钠饱和溶液(水分活度为 0.743,25 ℃):在易于溶解的温度下,准确称取 260 g 硝酸钠,加入热水 200 mL,冷却至形成固液两相的饱和溶液,贮存于棕色试剂瓶中,常温下放置一周后使用。

(10)氯化钠饱和溶液(水分活度为0.753,25℃):在易于溶解的温度下,准确称取100 g氯化钠,加入热水200 mL,冷却至形成固液两相的饱和溶液,贮存于棕色试剂瓶中,常温下放置一周后使用。

(11)溴化钾饱和溶液(水分活度为0.809,25℃):在易于溶解的温度下,准确称取200 g溴化钾,加入热水200 mL,冷却至形成固液两相的饱和溶液,贮存于棕色试剂瓶中,常温下放置一周后使用。

(12)硫酸铵饱和溶液(水分活度为0.810,25℃):在易于溶解的温度下,准确称取210 g硫酸铵,加入热水200 mL,冷却至形成固液两相的饱和溶液,贮存于棕色试剂瓶中,常温下放置一周后使用。

(13)氯化钾饱和溶液(水分活度为0.843,25℃):在易于溶解的温度下,准确称取100 g氯化钾,加入热水200 mL,冷却至形成固液两相的饱和溶液,贮存于棕色试剂瓶中,常温下放置一周后使用。

(14)硝酸锶饱和溶液(水分活度为0.851,25℃):在易于溶解的温度下,准确称取240 g硝酸锶,加入热水200 mL,冷却至形成固液两相的饱和溶液,贮存于棕色试剂瓶中,常温下放置一周后使用。

(15)氯化钡饱和溶液(水分活度为0.902,25℃):在易于溶解的温度下,准确称取100 g氯化钡,加入热水200 mL,冷却至形成固液两相的饱和溶液,贮存于棕色试剂瓶中,常温下放置一周后使用。

(16)硝酸钾饱和溶液(水分活度为0.936,25℃):在易于溶解的温度下,准确称取120 g硝酸钾,加入热水200 mL,冷却至形成固液两相的饱和溶液,贮存于棕色试剂瓶中,常温下放置一周后使用。

(17)硫酸钾饱和溶液(水分活度为0.973,25℃):在易于溶解的温度下,准确称取35 g硫酸钾,加入热水200 mL,冷却至形成固液两相的饱和溶液,贮存于棕色试剂瓶中,常温下放置一周后使用。

(18)仪器和设备:感量为1 mg和0.1 mg的分析天平、恒温培养箱、电热恒温干燥箱、称量皿($\varphi=35$ mm,$h=10$ mm)以及康卫皿(见图2-1)等。

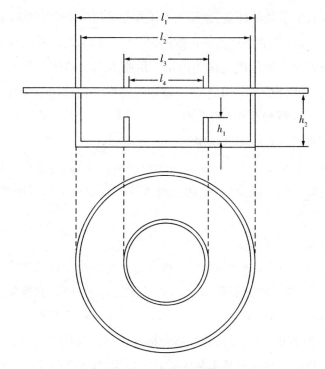

图2-1 康卫皿示意图

l_1 - 外室外直径, 100 mm; l_2 - 外室内直径, 92 mm; l_3 - 内室外直径, 53 mm;

l_4 - 内室内直径, 45 mm; h_1 - 内室高度, 10 mm; h_2 - 外室高度, 25 mm

3. 分析步骤

(1) 样品制备

取至少200 g具有代表性的玉米膨化样品混匀, 置于密闭的玻璃容器内。在室温18～25 ℃、湿度50%～80%的条件下, 迅速切成小于3 mm×3 mm×3 mm的小块, 不得使用组织捣碎机, 混匀后置于密闭的玻璃容器内。其他样品, 直接取具有代表性的即可。

(2) 测定

①预测定

分别取12 mL溴化锂饱和溶液、氯化镁饱和溶液、氯化钴饱和溶液、硫酸钾饱和溶液于4只康卫皿的外室,在预先干燥并称量(精确至0.000 1 g)的称量皿中,迅速称取与标准饱和溶液相等份数的同一样品约1.5 g(精确至0.000 1 g),放入盛有标准饱和溶液的康卫皿的内室。沿康卫皿上口平行移动盖好涂有凡士林的磨砂玻璃片,放入25±1 ℃的恒温培养箱内,恒温24 h。取出盛有样品的称量皿,立即称量(精确至0.000 1 g)。

②预测结果二维直线图的绘制

以所选饱和溶液(25 ℃)的水分活度数值为横坐标、对应标准饱和溶液的样品的质量增减数值为纵坐标,绘制二维直线图。取横坐标截距值,即为该样品的水分活度预测值。

③水分活度准确测定

依据预测定结果,分别选用水分活度数值大于和小于样品预测结果数值的饱和溶液各3种,每一种分别取12 mL,注入康卫皿的外室,在预先干燥并称量(精确至0.000 1 g)的称量皿中,迅速称取与标准饱和溶液相等份数的同一样品约1.5 g(精确至0.000 1 g),放入盛有标准饱和溶液的康卫皿的内室。沿康卫皿上口平行移动盖好涂有凡士林的磨砂玻璃片,放入25±1 ℃的恒温培养箱内,恒温24 h。取出盛有样品的称量皿,立即称量(精确至0.000 1 g)。

4.结果分析

(1)样品中水分活度

质量的增减量按式(2-1)计算。

$$X = \frac{m_1 - m}{m - m_0} \qquad (2-1)$$

式中:

X——样品质量的增减量,g/g;

m_1——25 ℃扩散平衡后,样品和称量皿的质量,g;

m——25 ℃扩散平衡前,样品和称量皿的质量,g;

m_0——称量皿的质量,g。

计算结果以重复性条件下获得的两次独立测定结果的算术平均值表示,结果保留小数点后3位。

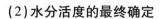

（2）水分活度的最终确定

取横轴截距值,即为该样品的水分活度值。当符合精密度所规定的要求时,取 3 次平行测定的算术平均值作为结果,结果保留小数点后 3 位。

（3）精密度

在重复性条件下获得的两次独立测定结果的绝对差值不得超过算术平均值的 10%。

5. 说明及注意事项

①注意样品称重的精确度,否则会造成测定误差。
②尽可能保障测量环境与标准环境的温度、湿度之差不要过大。
③测定时应该及时转入康卫皿,不得于测量环境中停滞时间过长。
④若食品样品中含有乙醇一类的易溶于水又具有挥发性的物质,则难以准确测定其 A_w 值。

四、水分活度仪扩散法

1. 分析原理

在密闭、恒温的水分活度仪测量舱内,样品中的水分扩散平衡后,传感器或数字化探头显示出的响应值（相对湿度对应的数值）即为样品的水分活度（A_w）。

2. 试剂及仪器

（1）试剂同康卫皿扩散法。
（2）仪器和设备:感量为 1 mg 和 0.1 mg 的分析天平、水分活度仪等。

3. 分析步骤

（1）水分活度仪的校准

在室温 20 ~ 25 ℃、湿度 50% ~ 80% 的条件下,用饱和溶液校正水分活度仪。

(2)测定

称取约 1 g(精确至 0.01 g)样品,迅速放入样品皿中,封闭测量舱,在温度 20 ~ 25 ℃、相对湿度 50% ~ 80% 的条件下测定。每间隔 5 min 记录水分活度仪的响应值。当相邻两次响应值之差小于 0.005A_w时,即为测定值。仪器充分平衡后,同一样品重复测定 3 次。

4.结果分析

当符合精密度所规定的要求时,取 3 次平行测定的算术平均值作为结果,结果保留小数点后 3 位。

在重复性条件下获得的两次独立测定结果的绝对差值不得超过算术平均值的 5%。

第三节　玉米中淀粉含量的测定

一、能力素养

1.熟练掌握几种食品中淀粉含量测定方法的适用范围。

2.熟悉使用 GB/T 5009.9—2016 中酶水解法、酸水解法等测定的操作技能。

二、知识素养

淀粉由葡萄糖分子聚合而成,在餐饮业中又称芡粉,通式是$(C_6H_{10}O_5)_n$。淀粉能够水解成麦芽糖,化学式是$C_{12}H_{22}O_{11}$,继续水解会后得到单糖(葡萄糖),化学式是$C_6H_{12}O_6$。淀粉分直链和支链淀粉两种。直接淀粉没有分支,呈螺旋结构;支链淀粉以多个葡萄糖残基以$\alpha - 1,4 -$糖苷键首尾相连而成,支链部分为$\alpha - 1,6 -$糖苷键连接。直链淀粉遇碘呈蓝色,支链淀粉遇碘呈紫红色。淀粉是植物体中贮存的养分,主要存在于种子和块茎中,各类植物中的淀粉含量都较高。淀粉实质上是葡萄糖的高聚体。淀粉可食用,能提高肉制品的嫩度,工业上用于制糊精、麦芽糖、葡萄糖、乙醇等,还可用于调制印花浆、纺织品的上浆、纸张的上胶等。

在食品加工中往往用淀粉做增稠剂,改变食品的物理状况。有的加淀粉是为了便于工艺操作,如各种硬糖和奶糖在成形过程中加入淀粉可防止相互黏结和吸湿;有的食品是用淀粉制造的,比如粉丝、粉条、粉皮、凉粉以及绿豆糕等。常用的淀粉可由玉米、甘薯、马铃薯和葛根等提取而得。

三、酶水解法

1.分析原理

样品去除脂肪及可溶性糖后,其中的淀粉用淀粉酶水解成小分子糖,再用盐酸水解成单糖,最后按还原糖测定,计算结果乘以0.9[还原糖(以葡萄糖计)换算成淀粉的换算系数]即得淀粉含量。

2.试剂及仪器

(1)甲基红指示液(2 g/L):称取甲基红0.2 g,用少量乙醇溶解后,加水定容至100 mL。

(2)盐酸溶液(1:1):量取50 mL盐酸与50 mL水混合。

(3)氢氧化钠溶液(200 g/L):称取20 g氢氧化钠,加水溶解并定容至100 mL。

(4)碱性酒石酸铜甲液:称取15 g硫酸铜及0.05 g亚甲基蓝,溶于水中并定容至1 000 mL。

(5)碱性酒石酸铜乙液:称取50 g酒石酸钾钠、75 g氢氧化钠,溶于水中,再加入4 g亚铁氰化钾,完全溶解后,用水定容至1 000 mL,贮存于具橡胶塞玻璃瓶内。

(6)淀粉酶溶液(5 g/L):称取淀粉酶0.5 g,加100 mL水溶解,临用时配制;也可加入数滴甲苯或三氯甲烷防止长霉,置于4 ℃冰箱中。

(7)碘溶液:称取3.6 g碘化钾溶于20 mL水中,加入1.3 g碘,溶解后加水定容至100 mL。

(8)乙醇溶液(85%):取85 mL 无水乙醇,加水定容至100 mL 混匀。也可用95%乙醇配制。

(9)标准品:D - 葡萄糖($C_6H_{12}O_6$),纯度≥98%(HPLC)。准确称取1 g(精确到0.000 1 g)经过98 ~ 100 ℃干燥2 h 的 D - 葡萄糖,加水溶解后加入5 mL 盐酸,并以水定容至1 000 mL。此溶液每毫升相当于1 mg 葡萄糖。

(10)仪器和设备:感量为1 mg 和0.1 mg 的分析天平、可加热至100 ℃的恒温水浴锅、组织捣碎机以及电炉等。

3. 分析步骤

(1)样品制备

将样品磨碎过0.425 mm(相当于35 目)筛,称取2 ~ 5 g(精确到0.001 g),置于放有折叠慢速滤纸的漏斗内,先用50 mL 石油醚或乙醚分5 次洗除脂肪,再用约100 mL 85%乙醇分次充分洗去可溶性糖。根据样品的实际情况,可适当增加洗涤液用量和洗涤次数,以保证干扰检测的可溶性糖洗涤完全。滤干乙醇,将残留物移入250 mL 烧杯内,并用50 mL 水洗净滤纸,洗液并入烧杯内,将烧杯置沸水浴上加热15 min,使淀粉糊化,放冷至60 ℃以下,加20 mL 淀粉酶溶液,在55 ~ 60 ℃保温1 h,并时时搅拌。然后取1 滴此液加1 滴碘溶液,应不显现蓝色。若显蓝色,再加热糊化并加20 mL 淀粉酶溶液,继续保温,直至加碘溶液不显蓝色为止。加热至沸,冷后移入250 mL 容量瓶中,加水至刻度,混匀,过滤,并弃去初滤液。

取50 mL 滤液,置于250 mL 锥形瓶中,加5 mL 盐酸(1:1),装上回流冷凝器,在沸水浴中回流1 h,冷后加2 滴甲基红指示液,用氢氧化钠溶液(200 g/L)中和至中性,溶液转入100 mL 容量瓶中,洗涤锥形瓶,洗液并入100 mL 容量瓶中,加水至刻度,混匀备用。

(2)测定

①标定碱性酒石酸铜溶液

吸取5 mL 碱性酒石酸铜甲液及5 mL 碱性酒石酸铜乙液,置于150 mL 锥形瓶中,加水10 mL、玻璃珠两粒,用滴定管滴加约9 mL 葡萄糖标准溶液,控制在 2 min 内加热至沸,保持溶液呈沸腾状态,以每 2 秒 1 滴的速度继续滴加葡萄糖,直至溶液蓝色刚好褪去为终点,记录消耗葡萄糖标准溶液的总体积,同时做 3 份平行实验,取其平均值,计算每 10 mL(甲、乙液各 5 mL)碱性酒石酸铜溶液相当于葡萄糖的质量 m_1(mg)。

注:也可以按上述方法标定 4~20 mL 碱性酒石酸铜溶液(甲、乙液各半),以适应样品中还原糖的浓度变化。

②样品溶液预测

吸取 5 mL 碱性酒石酸铜甲液及 5 mL 碱性酒石酸铜乙液,置于 150 mL 锥形瓶中,加水 10 mL、玻璃珠两粒,以先快后慢的速度用滴定管中滴加样品溶液,控制在 2 min 内加热至沸,并保持溶液沸腾状态,待溶液颜色变浅时,以每 2 秒 1 滴的速度滴定,直至溶液蓝色刚好褪去为终点。记录样品溶液的消耗体积。当样品溶液中葡萄糖浓度过高时,应适当稀释后再进行正式测定,使每次滴定消耗样品溶液的体积与标定碱性酒石酸铜溶液时所消耗的葡萄糖标准溶液的体积相近,在 10 mL 左右。

③样品溶液测定

吸取 5 mL 碱性酒石酸铜甲液及 5 mL 碱性酒石酸铜乙液,置于 150 mL 锥形瓶中,加水 10 mL、玻璃珠两粒,用滴定管滴加比预测体积少 1 mL 的样品溶液,使其在 2 min 内加热至沸,保持沸腾状态,继续以每 2 秒 1 滴的速度滴定,直至蓝色刚好褪去为终点,记录样品溶液消耗体积。同法平行操作 3 份,得出平均消耗体积。结果按式(2-2)计算。

当样品溶液浓度过低时,采取直接加入 10 mL 样品溶液,免去加水 10 mL,再用葡萄糖标准溶液滴定至终点,计算消耗的体积与标定时消耗的葡萄糖标准溶液体积之差所含葡萄糖的量(mg)。结果按式(2-3)、式(2-4)计算。

④试剂空白测定

同时量取 20 mL 水及与样品溶液处理时相同量的淀粉酶溶液,按反滴法做试剂空白实验。即用葡萄糖标准溶液滴定试剂空白溶液至终点,计算消耗的体积与标定时消耗的葡萄糖标准溶液体积之差所含葡萄糖的量(mg)。按式(2-5)、式(2-6)计算葡萄糖的含量。

4. 结果分析

(1) 样品中葡萄糖含量计算

按式(2-2)计算。

$$m_a = \frac{m_1}{\frac{50}{250} \times \frac{V_1}{100}} \qquad (2-2)$$

式中:

m_a——所称样品中葡萄糖的量,mg;

m_1——10 mL 碱性酒石酸铜溶液(甲、乙液各半)相当于葡萄糖的质量,mg;

50——测定用样品溶液体积,mL;

250——样品定容体积,mL;

V_1——测定时平均消耗样品溶液体积,mL;

100——测定用样品的定容体积,mL。

(2) 当样品中淀粉浓度过低时葡萄糖含量计算

按式(2-3)、式(2-4)进行计算。

$$m_b = \frac{m_2}{\frac{50}{250} \times \frac{10}{100}} \qquad (2-3)$$

式中:

m_b——所称样品中葡萄糖的质量,mg;

m_2——标定10 mL 碱性酒石酸铜溶液(甲、乙液各半)时消耗的葡萄糖标准溶液的体积与加入样品后消耗的葡萄糖标准溶液体积之差相当于葡萄糖的质量,mg;

50——测定用样品溶液体积,mL;

250——样品定容体积,mL;

10——直接加入的样品体积,mL;

100——测定用样品的定容体积,mL;

$$m_2 = m_1 \left(1 - \frac{V_2}{V_s}\right) \qquad (2-4)$$

式中：

m_1——10 mL 碱性酒石酸铜溶液（甲、乙液各半）相当于葡萄糖的质量，mg；

m_2——标定 10 mL 碱性酒石酸铜溶液（甲、乙液各半）时消耗的葡萄糖标准溶液的体积与加入样品后消耗的葡萄糖标准溶液体积之差相当于葡萄糖的质量，mg；

V_2——加入样品后消耗的葡萄糖标准溶液体积，mL；

V_S——标定 10 mL 碱性酒石酸铜溶液（甲、乙液各半）时消耗的葡萄糖标准溶液的体积，mL。

（3）试剂空白值计算

依据上述方法，将公式（2-3）中的样品以空白替换，即得空白值，记作 m_0。

（4）样品中淀粉含量计算

按式（2-5）计算。

$$\omega = \frac{(m_i - m_0) \times 0.9}{m \times 1\,000} \times 100 \qquad (2-5)$$

ω——每 100 g 样品中淀粉的含量，g；

m_i——表示式（2-2）中 m_a 或式（2-3）中 m_b；

m_0——空白中葡萄糖的质量，mg；

0.9——还原糖（以葡萄糖计）换算成淀粉的换算系数；

m——样品质量，g。

结果 < 1 g，保留 2 位有效数字。结果 ≥ 1 g，保留 3 位有效数字。

（5）精密度

在重复性条件下获得的两次独立测定结果的绝对差值不得超过这两次测定算术平均值的 10%。

四、酸水解法

1. 分析原理

样品经除去脂肪及可溶性糖后,其中的淀粉用酸水解成具有还原性的单糖,然后按还原糖测定,计算结果乘以0.9[还原糖(以葡萄糖计)换算成淀粉的换算系数]即得淀粉含量。

2. 试剂及仪器

(1)甲基红指示液(2 g/L):称取甲基红0.2 g,用少量乙醇溶解后,加水定容至100 mL。

(2)氢氧化钠溶液(400 g/L):称取40 g氢氧化钠加水溶解后,冷却至室温,定容至100 mL。

(3)乙酸铅溶液(200 g/L):称取20 g乙酸铅,加水溶解并定容至100 mL。

(4)硫酸钠溶液(100 g/L):称取10 g硫酸钠,加水溶解并定容至100 mL。

(5)盐酸溶液(1:1):量取50 mL盐酸,与50 mL水混合。

(6)乙醇(85%):取85 mL无水乙醇,加水定容至100 mL混匀。也可用95%乙醇配制。

(7)碘溶液:称取3.6 g碘化钾溶于20 mL水中,加入1.3 g碘,溶解后加水定容至100 mL。

(8)标准品:D – 葡萄糖($C_6H_{12}O_6$),纯度≥98%(HPLC)。准确称取1 g(精确到0.000 1 g)经过98 ℃ ~100 ℃干燥2 h的D – 葡萄糖,加水溶解后加入5 mL盐酸,并以水定容至1 000 mL。此溶液每毫升相当于1 mg葡萄糖。

(9)仪器和设备:感量为1 mg和0.1 mg的分析天平、可加热至100 ℃的恒温水浴锅、组织捣碎机、回流装置以及电炉等。

3. 分析步骤

(1)样品制备

易于粉碎的样品,磨碎过0.425 mm(相当于35目)筛,称取2 ~5 g(精确到

0.001 g),置于放有慢速滤纸的漏斗中,用 50 mL 石油醚或乙醚分 5 次洗去样品中脂肪,弃去石油醚或乙醚。用 150 mL 乙醇(85%)分数次洗涤残渣,以充分除去可溶性糖。根据样品的实际情况,可适当增加洗涤液用量和洗涤次数,以保证干扰检测的可溶性糖洗涤完全。滤干乙醇溶液,以 100 mL 水洗涤漏斗中残渣并转移至 250 mL 锥形瓶中,加入 30 mL 盐酸(1:1),接好冷凝管,置沸水浴中回流 2 h。回流完毕后,立即冷却。待样品水解液冷却后,加入 2 滴甲基红指示液,先以氢氧化钠溶液(400 g/L)调至黄色,再以盐酸(1:1)校正至样品水解液刚变成红色。若样品水解液颜色较深,可用精密 pH 试纸测试,使样品水解液的 pH 值约为 7。然后加 20 mL 乙酸铅溶液(200 g/L),摇匀,放置 10 min。再加 20 mL 硫酸钠溶液(100 g/L),以除去过多的铅。摇匀后将全部溶液及残渣转入 500 mL 容量瓶中,用水洗涤锥形瓶,洗液合并入容量瓶中,加水稀释至刻度。过滤,弃去初滤液 20 mL,滤液供测定用。

(2)测定

按照酶水解法中的"测定"步骤操作。

4.结果分析

(1)分析结果的表述

样品中淀粉的含量按式(2-6)进行计算。

$$\omega = \frac{(m_1 - m_2) \times 0.9}{m \times \dfrac{V}{500} \times 1\,000} \times 100 \qquad (2-6)$$

式中:

ω——每 100 g 样品中淀粉的含量,g;

m_1——测定用样品水解液葡萄糖质量,mg;

m_2——试剂空白中葡萄糖质量,mg;

0.9——葡萄糖折算成淀粉的换算系数;

m——称取样品质量,g;

V——测定用样品水解液体积,mL;

500——样品液总体积,mL。

结果保留 3 位有效数字。

(2)精密度

在重复性条件下获得的两次独立测定结果的绝对差值不得超过算术平均值的 10%。

第四节　玉米中总糖含量的测定

一、能力素养

依据食品中总糖与还原糖的性质关系,熟悉 GB 5009. 7—2016、GB/T 5513—2008、GB/T 15672—2009 中还原糖测定的基本操作技能。

二、知识素养

总糖是指具有还原性的糖(葡萄糖、果糖、乳糖、麦芽糖等)和在测定条件下能水解为还原性单糖的糖,反映的是食品中可溶性单糖和低聚糖的总量,其含量高低对产品的色、香、味、组织形态、营养价值、成本等有一定影响。

总糖的测定通常以还原糖的测定方法为基础,常用的方法是直接滴定法,此外还有蒽酮比色法等。

三、直接滴定法测定玉米中的总糖含量

1.分析原理

样品经处理除去蛋白质等杂质后,加入盐酸,在加热条件下使蔗糖水解为还原性单糖,以直接滴定法测定水解后样品中的还原糖总量。

2.仪器和试剂

除非另有规定,本方法中所用试剂均为分析纯。

（1）盐酸溶液:6 mol/L。

（2）甲基红指示剂:称取 0.1 g 甲基红,用 60% 乙醇溶解并定容至 100 mL。

（3）氢氧化钠溶液:20%。

（4）0.1% 转化糖标准溶液:称取 105 ℃ 干燥至恒重的纯蔗糖 1.9 g,用水溶解并移入 1 000 mL 容量瓶中,定容,混匀。取 50 mL 于 100 mL 容量瓶中,加 6 mol/L 盐酸 5 mL,在 68～70 ℃ 水浴中加热 15 min,取出于流动水下迅速冷却,加甲基红指示剂 2 滴,用 20% 氢氧化钠溶液中和至中性,加水至刻度,混匀。此溶液每毫升含转化糖 1 mg。

（5）碱性酒石酸铜甲液:称取 15 g 硫酸铜($CuSO_4 \cdot 5H_2O$)及 0.05 g 亚甲基蓝,溶于水并定容到 1 L。

（6）碱性酒石酸铜乙液:称取 50 g 酒石酸钾钠及 75 g 氢氧化钠,溶于水,再加入 4 g 亚铁氰化钾,完全溶解后,用水定容至 1 L,贮存于具橡胶塞玻璃瓶中。

（7）乙酸锌溶液:称取 21.9 g 乙酸锌[$Zn(CH_3COO)_2 \cdot 2H_2O$],加 3 mL 乙酸,加水溶解并定容至 100 mL。

（8）10.6% 亚铁氰化钾溶液:称取 10.6 g 亚铁氰化钾[$K_4Fe(CN)_6 \cdot 3H_2O$],溶于水,定容至 100 mL。

3. 分析步骤

（1）样品预处理

取 10～20 g（精确至 0.001 g）粉碎均匀的含有淀粉的玉米样品,置 250 mL 容量瓶中,加 200 mL 水,在 45 ℃ 水浴中加热 1 h,并不时振摇,冷却后加水至刻度,混匀,静置沉淀。吸取 200 mL 上清液置另一 250 mL 容量瓶中,慢慢加入 5 mL 乙酸锌溶液和 5 mL 亚铁氰化钾溶液,加水至刻度,摇匀后静置 30 min,用干燥滤纸过滤,弃去初滤液,收集滤液备用。

（2）样品水解

吸取处理后的样品溶液 50 mL 于 100 mL 容量瓶中,加入 5 mL 6 mol/L 盐酸溶液,置 68～70 ℃ 水浴中加热 15 min,取出后迅速冷却,加甲基红指示剂 2 滴,用 20% 氢氧化钠溶液中和至中性,加水至刻度,混匀。

(3)碱性酒石酸铜溶液的标定

准确吸取碱性酒石酸铜甲液和乙液各 5 mL,置于 250 mL 锥形瓶中,加水 10 mL、玻璃珠 3 粒。用滴定管滴加约 9 mL 转化糖标准溶液,加热使其在 2 min 内沸腾,准确沸腾 30 s,趁热以每 2 秒 1 滴的速度继续滴加转化糖标准溶液,直至溶液蓝色刚好褪去为终点。记录消耗转化糖标准溶液的总体积。平行操作 3 次,取其平均值,按式(2−7)计算。

$$m = c \cdot V \tag{2-7}$$

式中:

m——10 mL 碱性酒石酸铜溶液相当于转化糖的质量,mg;

c——转化糖标准溶液的浓度,mg/mL;

V——标定时消耗转化糖标准溶液的总体积,mL。

(4)样品水解液预测

准确吸取碱性酒石酸铜甲液和乙液各 5 mL,置于 250 mL 锥形瓶中,加水 10 mL、玻璃珠 3 粒,加热使其在 2 min 内沸腾,准确沸腾 30 s,趁热以先快后慢的速度从滴定管中滴加样品水解液,滴定时要始终保持溶液呈沸腾状态,待溶液蓝色变浅时,以每 2 秒 1 滴的速度滴定,直至溶液蓝色刚好褪去为终点。记录样品水解液消耗的体积。

(5)样品水解液测定

准确吸取碱性酒石酸铜甲液和乙液各 5 mL,置于 250 mL 锥形瓶中,加水 10 mL、玻璃珠 3 粒,用滴定管滴加比预测时样品水解液消耗总体积少 1 mL 的样品水解液,加热使其在 2 min 内沸腾,准确沸腾 30 s,趁热以每 2 秒 1 滴的速度继续滴加样品水解液,直至蓝色刚好褪去为终点。记录消耗样品水解液的总体积。同法平行操作 3 次,取平均值。

4.结果分析

(1)分析结果的表述

样品中总糖含量按式(2−8)进行计算。

$$总糖（以转化糖计） = \frac{m_1}{m \times \dfrac{50}{V_1} \times \dfrac{V_2}{100} \times 1\,000} \times 100\% \qquad (2-8)$$

式中：

m_1——10 mL 碱性酒石酸铜溶液相当于转化糖的质量，mg；

V_1——样品处理液总体积，mL；

V_2——测定时消耗样品水解液体积，mL；

m——样品质量，g。

（2）精密度

在重复性条件下获得的两次独立测定结果的绝对差值不得超过算术平均值的 10%。

5. 说明及注意事项

（1）总糖测定的结果一般以转化糖计，但也可以葡萄糖计，要根据产品的质量指标要求而定。如用转化糖表示，应该用转化糖标准溶液标定碱性酒石酸铜溶液，如用葡萄糖表示，则应该用葡萄糖标准溶液标定。

（2）总糖测定的水解条件同蔗糖，测定时必须严格控制水解条件，使蔗糖完全水解、多糖不水解、单糖不分解。

（3）在营养学上，总糖是指能被人体消化、吸收利用的糖类物质的总和，包括淀粉。这里所讲的总糖不包括淀粉，因为在测定条件下，淀粉的水解作用很微弱。

6. 思考题

（1）样品水解液为什么要进行预测？

（2）滴定终点控制应注意什么？

（3）如果所测总糖含量包括淀粉，应如何处理？

第五节 淀粉糖浆制备及其葡萄糖值的测定

一、能力素养

1. 掌握玉米淀粉糊化及酶法制备淀粉糖浆的基本原理。

2. 掌握玉米淀粉双酶法制备淀粉糖浆的实验方法以及酶的使用。

3. 掌握玉米淀粉水解产品的葡萄糖值(DE 值)测定方法。

二、知识素养

DE 值是还原糖(以葡萄糖计)占糖浆干物质的百分比。国家标准中,DE 值越高,葡萄糖浆的级别越高。

工业上的 DE 值以糖化液中还原糖占干物质的百分比来表示,反映淀粉的水解程度或糖化程度。淀粉水解得到的产物糊精,可以作为食品增稠剂、填充剂和吸收剂使用。DE 值在 10 ~ 20 之间的糊精称为麦芽糊精。控制酶反应液的 DE 值,可以得到含有一定量麦芽糖的麦芽糊精。

通常来讲,DE 值越高,水解程度越高,葡萄糖含量就越高,产品黏度小,甜度高;DE 值越低,水解程度越低,糊精、大分子多糖等物质越多,产品黏度大,甜度低。

三、滴定法

1. 分析原理

淀粉是由几百至几千个葡萄糖连接构成的天然高分子化合物,一般含直链淀粉 70% ~ 80%。可用酶法、酸法和双酶法使淀粉水解成糊精、低聚糖和葡萄糖。淀粉糖浆或称液体葡萄糖,主要成分是葡萄糖、麦芽糖、麦芽三糖和糊精,是一种黏稠液体,味甜,温和,极易为人体吸收,在饼干、糖果生产上广为应用。

将淀粉悬浮液加热到 55~80 ℃时,淀粉颗粒之间氢键作用力减弱,并迅速进行不可逆溶胀,淀粉颗粒吸水,体积膨胀数十倍,继续加热使淀粉胶束全部崩溃,淀粉分子形成单分子,并为水包围,形成具有黏性的糊状液体,这一现象称淀粉糊化。糊化淀粉容易被水解。

(1)双酶法水解淀粉制淀粉糖浆。α - 淀粉酶使淀粉中的 α - 1,4 糖苷键水解生成小分子糊精,然后再用糖化酶将糊精、低聚糖中的 α - 1,6 糖苷键和 α - 1,4 糖苷键切断,最后生成葡萄糖。

(2)DE 值的测定。样品在加热条件下,直接滴定已标定过的碱性酒石酸铜溶液,碱性酒石酸铜溶液混合后形成可溶性酒石酸钾钠铜络合物,在加热条件下与样品溶液中还原糖反应,被还原析出氧化亚铜,继续滴加样品溶液,过量的还原糖立即将亚甲基蓝还原,使蓝色褪色。根据样品消耗体积,计算还原糖量。

DE 值含义举例:例如 DE 值为 42,表示淀粉糖浆中含 42% 的葡萄糖。

2. 试剂及仪器

(1)碱性酒石酸铜甲液:称取 15 g 硫酸铜及 0.05 g 亚甲基蓝,溶于水,并定容至 1 000 mL。

(2)碱性酒石酸铜乙液:称取 50 g 酒石酸钾钠及 75 g 氢氧化钠溶于水中,再加入 4 g 亚铁氰化钾,完全溶解后,用水定容至 1 000 mL,贮存于具橡胶塞玻璃瓶中。

(3)葡萄糖标准溶液:精确称取 1 g 经 98~100 ℃干燥至恒重的纯葡萄糖,加水溶解后加入 5 mL 盐酸,以水稀释,并定容至 1 000 mL。此溶液相当于 1 mg/mL 葡萄糖。(注:加盐酸的目的是防腐,标准溶液也可用饱和苯甲酸溶液配制)

(4)其他:玉米淀粉(木薯淀粉或甘薯淀粉),液化型 α - 淀粉酶,糖化酶,碱性酒石酸铜甲、乙液,亚甲基蓝指示剂,葡萄糖标准溶液,5% 碳酸钠,5% 氯化钙,1% 盐酸,以上试剂均为分析纯。

(5)仪器和设备:感量为 1 mg 和 0.1 mg 的分析天平、烧杯、酸式滴定管、恒温水浴锅等。

3. 分析步骤

(1) 玉米淀粉糖浆的制备

100 g 淀粉置于 400 mL 烧杯中,加水 200 mL,搅拌均匀,配成淀粉浆,用 5% 碳酸钠调节 pH = 6.2 ~ 6.3,加入 2 mL 5% 氯化钙溶液,于 90 ~ 95 ℃ 水浴上加热,并不断搅拌,淀粉浆由开始糊化直至完全成糊。加入液化型 α - 淀粉酶 60 mg,不断搅拌使其液化,并使温度保持在 70 ~ 80 ℃ 20 min。然后将烧杯移至电炉加热到 95 ℃ 再至沸,灭活 10 min。3 层纱布过滤,取样 30 mL 测其 DE 值,其余滤液冷却到 55 ℃,加入糖化酶 200 mg,调节 pH = 4.5,于 60 ~ 65 ℃ 恒温水浴中糖化 3 ~ 4 h,即为淀粉糖浆,取样测其 DE 值,若要浓浆,可进一步浓缩。

(2) 碱性酒石酸铜溶液标定

吸取 5 mL 碱性酒石酸铜甲液及 5 mL 乙液,置于 150 mL 锥形瓶中,加水 10 mL,加入玻璃珠 3 粒,用滴定管滴加约 9 mL 葡萄糖标准溶液,控制在 2 min 内加热至沸,趁沸以每 2 秒 1 滴的速度继续滴加葡萄糖标准溶液,直至溶液蓝色刚好褪去为终点,记录消耗葡萄糖标准溶液的总体积,同时平行操作 3 份,取其平均值,计算每 10 mL(甲、乙液各 5 mL)碱性酒石酸铜相当于葡萄糖的质量(mg)。

(3) 样品溶液预测

吸取 5 mL 碱性酒石酸铜甲液及 5 mL 乙液,置于 150 mL 锥形瓶中,加水 10 mL,加入玻璃珠 2 粒,控制在 2 min 内加热至沸,趁沸以先快后慢的速度,从滴定管中滴加样品溶液,并保持溶液沸腾状态,待溶液颜色变浅时,以每 2 秒 1 滴的速度滴定,直至溶液蓝色刚好褪去为终点,记录样品溶液消耗体积。

(4) 样品溶液测定

吸取 5 mL 碱性酒石酸铜甲液及 5 mL 乙液,置于 150 mL 锥形瓶中,加水 10 mL,加入玻璃珠 2 粒,用滴定管滴加比预测体积少 1 mL 的样品溶液,使其在

2 min 内加热至沸,趁沸继续以每 2 秒 1 滴的速度滴定,直至蓝色刚好褪去为终点,记录样品溶液消耗体积,同法平行操作 3 份,得出平均消耗体积。

4. 结果分析

(1) 分析结果的表述

样品的 *DE* 值以其还原糖的百分含量的值表示,按式(2-9)计算。

$$DE = \frac{m_1}{m \times \dfrac{V}{200} \times 1\,000} \times 100\% \qquad (2-9)$$

式中:

DE——样品中还原糖的百分含量(以葡萄糖计);

m_1——10 mL 碱性酒石酸铜溶液(甲、乙液各 5 mL)相当于还原糖(以葡萄糖计)的质量,mg;

m——样品质量,g;

V——测定时平均消耗样品溶液体积,mL;

200——样品处理溶液总体积,mL(具体实验时,若样品处理总体积有改变,则此值相应改变)。

计算结果以重复性条件下获得的两次独立测定结果的算术平均值表示,结果保留小数点后 3 位。

(2) 精密度

在重复性条件下获得的两次独立测定结果的绝对差值不得超过算术平均值的 10% 。

(3) 注意事项

①淀粉糊化时必须不断搅拌,因为糊化速度非常快,如果不是时刻搅拌,会使糊化不均匀,影响糖浆制备质量。

②*DE* 值测定时,整个滴定过程应保持沸腾。

第三章 大豆的营养与检测技术

大豆原产我国,为豆科大豆属一年生草本植物,是一种种子含有丰富蛋白质的豆科植物。大豆根据种皮颜色和粒形分为五类:黄大豆、青大豆、黑大豆、其他大豆(种皮为褐色、棕色、赤色等单一颜色的大豆)、饲料豆(一般籽粒较小,呈扁长椭圆形,两片子叶上有凹陷圆点,种皮略有光泽或无光泽)。我国生产的大豆绝大部分是黄色的,因此老百姓习惯称大豆为黄豆。黄大豆可以做成豆腐,也可以榨油或做成豆瓣酱;黑大豆又叫乌豆,不仅可以入药,还可以做成豆豉;其他颜色的都可以炒熟食用。大豆的营养价值高,被称为"豆中之王""田中之肉""绿色的牛乳"等。

第一节 大豆的加工种类与营养

一、大豆的营养成分

大豆是植物性食物中唯一能与动物性食物相媲美的高蛋白、高脂肪、高热量的食物。

1. 蛋白质

大豆是植物蛋白质的最好来源,含 35% ~ 40% 的蛋白质。按 40% 蛋白质含量计算,1 kg 大豆的蛋白质相当于 2.3 kg 瘦猪肉或 2 kg 瘦牛肉的蛋白质含量,因此大豆有"植物肉"的美誉。从大豆蛋白的氨基酸组成来看,除甲硫氨酸和胱氨酸含量略少外,其他氨基酸的含量较为全面合理,尤其是与儿童生长发育密切相关的赖氨酸的含量远高于谷类食物。食用大豆时应注意与甲硫氨酸含量高的食物搭配,如米、面等粮谷类及蛋类,可以提高其蛋白质的利用率,从而提高营养价值。

2. 脂肪

大豆含15%~20%的脂肪,是重要的油料作物,东北产大豆约含15.9%的粗脂肪。大豆油(豆油)中约含85%的不饱和脂肪酸,亚油酸含量约占50%以上。大豆油具有降血脂、保护心血管的功效,是优质的食用油。有研究表明,每天摄入30~50 g大豆,能显著降低血清胆固醇、低密度脂蛋白胆固醇、三酰甘油水平,而不影响高密度脂蛋白胆固醇水平。另外,大豆油中还含有1.8%~3.2%的磷脂,能降低血液中胆固醇含量和血液黏度,促进脂肪吸收,有助于预防脂肪肝和控制体重,并且有溶解老年斑、促进腺体分泌等多种功能。同时磷脂是优良的乳化剂,在大豆制品特别是大豆饮料的稳定性和口感方面起着非常重要的作用。

3. 碳水化合物

大豆中的碳水化合物占20%~30%,其中约有一半为不能被人体所消化和吸收的水苏糖和棉子糖,因此,大豆制品是糖尿病患者的优良食物。大豆中的碳水化合物除淀粉和蔗糖外,都难以被人体消化和吸收,且在人体肠道细菌的作用下,发酵产生二氧化碳和氨,可引起腹胀,在大豆制品加工中应除去。

4. 矿物质与维生素

大豆除了含有大量的蛋白质和脂肪外,还含有人体必需的各种矿物质,且其含量远远超过作为主食的米、面和玉米等。每100 g大豆中含钙200~300 mg,含铁6~10 mg,还富含磷、锌、钾、钠、镁、铜、锰等多种矿物质,总含量一般为4.4%~5%,是植物性食物中矿物质的良好来源。其中东北产大豆中矿物质含量从高到低是钾>磷>镁>钙>铁>锰≈锌>锶≈钠≈铝≈钡≈镍≈铜,有益微量元素硼、钼和硒含量在10~2 000 ng/g之间,铁、锰和锌含量达到20~80 μg/g。大豆中含维生素B_1 0.3~0.8 mg、维生素B_2 0.15~0.4 mg,是谷类食物中含量的数倍,但大豆中的维生素在加工时,由于受热、精制或氧化等多被破坏或除去,很少转移到产品中。除此之外,大豆中还富含维生素E(在体内可以起到抗氧化作用)。

二、大豆制品的种类

以大豆为主要原料,经过加工或精炼提取而得到的产品称为大豆制品。据统计,大豆制品有几百种,其中包括具有几千年生产历史的传统大豆制品和采用新科学、新技术生产的新型大豆制品,大豆制品根据其生产工艺特点进行的分类,见图3-1。

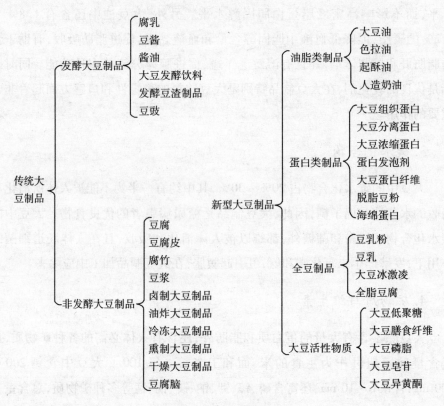

图 3-1 大豆制品分类

1. 大豆油

大豆油是世界上产量最多的油脂,是乙醚、苯、三氯甲烷等溶剂从大豆中萃取物质的总称。其化学组成除主要的甘油三酯外,还含有不皂化物(固醇类、类胡萝卜素、叶绿素以及维生素 E)和磷脂等。其中东北产大豆油中的脂肪酸组成见表 3 – 1。黑龙江省某品牌一级大豆油,采用非转基因大豆精制而成,含有亚油酸、亚麻酸、维生素 E 等多种人体必须营养成分,具有抗衰老、抗突变、提高人体免疫等作用。幼儿缺乏亚油酸时,皮肤变得干燥,鳞屑增厚,发育生长迟缓;老年人缺乏亚油酸,易引起白内障及心脑血管病变。

表 3 – 1　大豆油的脂肪酸组成　　　　　　　　　　单位:%

	棕榈酸	油酸	亚油酸	花生酸	亚麻酸	硬脂酸
含量	6 ~ 8	25 ~ 36	52 ~ 65	0.4 ~ 1	2 ~ 3	3 ~ 5

2. 大豆蛋白

大豆油生产所得高温豆粕主要用作饲料,而所得低温豆粕主要用来生产多种食用大豆蛋白产品,如大豆分离蛋白、大豆浓缩蛋白、大豆组织蛋白、大豆蛋白粉等,这些大豆蛋白产品用于肉制品的配料、高蛋白饮料或其他食品。

大豆组织蛋白又称人造肉,就是在低温豆粕、浓缩蛋白或分离蛋白中,加入一定量的水分及添加物,搅拌使其混合均匀,强行加温加压,使蛋白质分子之间排列整齐且具有同方向的组织结构,再经发热膨化并凝固,形成具有空洞的纤维蛋白。其蛋白质含量在 55% 以上,由于其有良好的吸水性和保油性,添加到肉制品中,能增加肉制品的色、香、味,提高蛋白质的含量,促进颗粒完整性,因此是理想的肉制品添加物。

3. 豆粉

根据其油脂含量,可分为全脂豆粉、脱脂豆粉、低脂豆粉、高脂豆粉和添加卵磷脂豆粉等。脱脂豆粉是用脱脂豆粕加工而成的豆粉,含油量在 1% 以下。低脂豆粉是用除去部分油脂的大豆或添加部分大豆油的脱脂豆粉加工成的豆粉,含油量为 5% ~6%。高脂豆粉是在脱脂豆粉中添加一部分大豆油制成的豆粉,含油量为 15%。添加卵磷脂豆粉是在低脂或高脂豆粉中添加约 15% 卵磷脂的豆粉。目前生产的豆粉主要是全脂豆粉和脱脂豆粉。

4.大豆加工的副产品

随着大豆制品加工业的发展,其副产品豆皮、豆粕、豆腐渣、黄浆水等相应增多。以往豆皮、豆粕、豆腐渣大多用作饲料,黄浆水作为废水排放,造成资源浪费。由于大豆加工的副产品含有多种有益于人体健康的物质和贵重的医药成分,如多酚、皂苷、异黄酮、凝血素、固醇、胰蛋白酶抑制因子等,因此我们应该合理有效地利用这些副产品。

第二节 大豆中蛋白质总量的测定

一、能力素养

掌握 GB 5009.5—2016、NY/T 1678—2008 中蛋白质测定的基本操作技能。

二、知识素养

凯氏定氮法由 Kieldahl 于 1883 年首先提出,可用于所有动植物食品的蛋白质含量测定,但因样品中常含有核酸、生物碱、含氮类脂、卟啉以及含氮色素等非蛋白质的含氮化合物,故结果称为粗蛋白含量。

三、凯氏定氮法

1.分析原理

样品与浓硫酸和催化剂一同加热消化,使蛋白质分解,其中碳和氢被氧化成二氧化碳和水逸出,而样品中的有机氮转化为氨与硫酸结合成硫酸铵。然后加碱蒸馏,使氨蒸出,用硼酸吸收后再以盐酸或硫酸标准溶液滴定。根据标准酸消耗量可计算出蛋白质的含量。

(1)样品消化

消化反应方程式如下:

$$2NH_2(CH_2)_2COOH + 13H_2SO_4 \xrightarrow{\triangle} (NH_4)_2SO_4 + 6CO_2\uparrow + 12SO_2\uparrow + 16H_2O$$

浓硫酸具有脱水性,使有机物脱水后被炭化为碳、氢、氮。

浓硫酸又有氧化性,使有机物炭化后的碳生成二氧化碳,硫酸则被还原成二氧化硫:

$$H_2SO_4 + C \xrightarrow{\triangle} 2SO_2\uparrow + 2H_2O + CO_2\uparrow$$

二氧化硫使氮还原为氨,本身则被氧化为三氧化硫,氨随之与硫酸作用生成硫酸铵留在酸性溶液中:

$$H_2SO_4 + 2NH_3 === (NH_4)_2SO_4$$

在消化反应中,为了加速蛋白质的分解,缩短消化时间,常加入下列物质:

①硫酸钾:加入硫酸钾可以提高溶液的沸点而加快有机物分解。它与硫酸作用生成硫酸氢钾可提高反应温度,一般纯硫酸的沸点在 340 ℃左右,而添加硫酸钾后,可使沸点提高至 400 ℃以上,原因主要在于随着消化过程中硫酸不断地被分解,水分不断逸出而使硫酸钾浓度增大,故沸点升高,其反应式如下:

$$K_2SO_4 + H_2SO_4 === 2KHSO_4$$

$$2KHSO_4 \xrightarrow{\triangle} K_2SO_4 + H_2O\uparrow + SO_3\uparrow$$

但硫酸钾加入量不能太大,否则消化体系温度过高,会引起已生成的铵盐发生热分解放出氨而造成损失:

$$(NH_4)_2SO_4 \xrightarrow{\triangle} NH_3\uparrow + NH_4HSO_4$$

$$NH_4HSO_4 \xrightarrow{\triangle} NH_3 + SO_3\uparrow + H_2O$$

除硫酸钾外,也可以加入硫酸钠、氯化钾等盐类来提高沸点,但效果不如硫酸钾。

②硫酸铜:硫酸铜起催化剂的作用。凯氏定氮法中可用的催化剂种类很多,除硫酸铜外,还有氧化汞、汞、硒粉、二氧化钛等,但考虑到效果、价格及环境污染等多种因素,应用最广泛的是硫酸铜。使用时常加入少量过氧化氢、次氯酸钾等作为氧化剂以加速有机物氧化,硫酸铜的作用机理如下所示:

$$2CuSO_4 \xrightarrow{\triangle} Cu_2SO_4 + SO_2\uparrow + O_2\uparrow$$

$$C + 2CuSO_4 \xrightarrow{\triangle} Cu_2SO_4 + SO_2\uparrow + CO_2\uparrow$$

$$Cu_2SO_4 + 2H_2SO_4 \xrightarrow{\triangle} 2CuSO_4 + 2H_2O + SO_2\uparrow$$

此反应不断进行,待有机物全部被消化完后,不再有硫酸亚铜(Cu₂SO₄)生成,溶液呈现清澈的蓝绿色。故硫酸铜除起催化剂的作用外,还可指示消化终点的到达,以及下一步蒸馏时作为碱性反应的指示剂。

(2)蒸馏

在消化完全的样品溶液中加入浓氢氧化钠使呈碱性,加热蒸馏,即可释放出氨,反应方程式如下:

$$2NaOH + (NH_4)_2SO_4 = 2NH_3\uparrow + Na_2SO_4 + 2H_2O$$

(3)吸收与滴定

加热蒸馏所放出的氨,可用硼酸溶液进行吸收,待吸收完全后,再用盐酸标准溶液滴定,因硼酸呈微弱酸性($K_a = 5.8 \times 10^{-10}$),用酸滴定不影响指示剂的变色反应,但它有吸收氨的作用,吸收及滴定反应方程式如下:

$$2NH_3 + 4H_3BO_3 = (NH_4)_2B_4O_7 + 5H_2O$$

$$(NH_4)_2B_4O_7 + 5H_2O + 2HCl = 2NH_4Cl + 4H_3BO_3$$

2. 仪器和试剂

除非另有规定,本方法中所用试剂均为分析纯。

(1)分析天平:感量 0.001 g。

(2)定氮蒸馏装置:如图 3 - 2 所示。

(3)石墨消解炉。

(4)消解管。

(5)硫酸铜。

(6)硫酸钾。

(7)硫酸:1.84 g/L。

(8)硼酸。

(9)甲基红指示剂。

(10)溴甲酚绿指示剂。

(11)亚甲基蓝指示剂。

(12)氢氧化钠。

(13)95%乙醇。

(14)硼酸溶液(20 g/L):称取 20 g 硼酸,加水溶解后定容至 1 000 mL。

(15)氢氧化钠溶液(400 g/L):称取 40 g 氢氧化钠加水溶解后,放冷,定容至 100 mL。

(16)盐酸标准溶液(0.05 mol/L)。

(17)甲基红乙醇溶液(1 g/L):称取 0.1 g 甲基红,溶于 95% 乙醇,用 95% 乙醇定容至 100 mL。

(18)亚甲基蓝乙醇溶液(1 g/L):称取 0.1 g 亚甲基蓝,溶于 95% 乙醇,用 95% 乙醇定容至 100 mL。

(19)溴甲酚绿乙醇溶液(1 g/L):称取 0.1 g 溴甲酚绿,溶于 95% 乙醇,用 95% 乙醇定容至 100 mL。

(20)混合指示液:2 份甲基红乙醇溶液与 1 份亚甲基蓝乙醇溶液临用时混合。也可用 1 份甲基红乙醇溶液与 5 份溴甲酚绿乙醇溶液临用时混合。

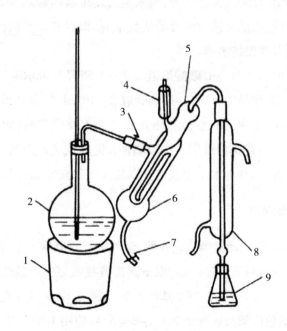

图 3 - 2 凯氏定氮蒸馏装置

1 - 电炉;2 - 水蒸气发生器(2 L 烧瓶);3 - 螺旋夹;4 - 小玻璃杯及棒状玻璃塞;

5 - 反应室;6 - 反应室外层;7 - 橡皮管及螺旋夹;8 - 冷凝管;9 - 蒸馏液接收瓶

3. 分析步骤

(1) 样品的湿法消化

称取充分混匀的固体样品 0.2~2 g、半固体豆腐样品 2~5 g 或液体豆浆样品 10~25 g(相当于 30 mg~40 mg 氮),精确至 0.001 g,移入干燥的 280 mL 消解管中,加 0.2 g 硫酸铜、6 g 硫酸钾及 20 mL 硫酸,轻摇后置于石墨消解炉上。小心加热,待内容物全部炭化,泡沫产生完全停止后,加强火力,并保持瓶内液体微沸,至液体呈蓝绿色并澄清透明后,再继续加热 0.5~1 h。取下放冷,小心加入 20 mL 水。放冷后,移入 100 mL 容量瓶中,并用少量水洗消解管,洗液并入容量瓶中,再加水至刻度,混匀备用。同时做试剂空白实验。

(2) 样品的蒸馏

如图 3-2 装好定氮蒸馏装置,向水蒸气发生器内装水至 2/3 处,加入数粒玻璃珠,加甲基红乙醇溶液数滴及硫酸数毫升,以保持水呈酸性,加热煮沸水蒸气发生器内的水并保持沸腾。

向接收瓶内加入 10 mL 硼酸溶液及 1~2 滴混合指示液,并使冷凝管的下端插入液面,根据样品中氮含量,准确吸取 2~10 mL 样品处理液由小玻璃杯注入反应室,以 10 mL 水洗涤小玻璃杯并使之流入反应室内,随后塞紧棒状玻璃塞。将 10 mL 氢氧化钠溶液倒入小玻璃杯,提起玻璃塞使其缓缓流入反应室,立即将玻璃塞盖紧,并加水于小玻璃杯以防漏气。夹紧螺旋夹,开始蒸馏。

(3) 吸收与滴定

蒸馏 10 min 后移动蒸馏液接收瓶,液面离开冷凝管下端,再蒸馏 1 min。然后用少量水冲洗冷凝管下端外部,取下蒸馏液接收瓶。以硫酸或盐酸标准溶液滴定至终点。终点时使用 2 份甲基红乙醇溶液、1 份亚甲基蓝乙醇溶液配制的混合指示液,颜色由紫红色变成灰色,pH = 5.4;使用 1 份甲基红乙醇溶液、5 份溴甲酚绿乙醇溶液配制的混合指示液,颜色由酒红色变成绿色,pH = 5.1。同时做试剂空白实验。

4. 结果分析

(1)分析结果的表述

样品中蛋白质的含量按式(3-1)进行计算。

$$\omega = \frac{(V_1 - V_2) \times c \times 0.014}{m \times \frac{V_3}{100}} \times F \times 100 \qquad (3-1)$$

式中：

ω——每100 g样品中蛋白质的含量，g；

V_1——样品溶液消耗硫酸或盐酸标准溶液的体积，mL；

V_2——试剂空白消耗硫酸或盐酸标准溶液的体积，mL；

V_3——吸取消化液的体积，mL；

c——硫酸或盐酸标准溶液浓度，mol/L；

0.014——1 mL 硫酸$[c\ (1/2H_2SO_4) = 1\ mol/L]$或盐酸$[c\ (HCl) = 1\ mol/L]$标准溶液相当的氮的质量，g；

m——样品的质量，g；

F——氮换算为蛋白质的系数。纯乳与纯乳制品为6.38，面粉为5.70，玉米、高粱为6.25，花生为5.46，大米为5.95，大豆及其粗加工制品为5.71，大豆蛋白制品为6.25，肉与肉制品为6.25，大麦、小米、燕麦、裸麦为5.83，芝麻、葵花籽为5.30，复合配方食品为6.25。

以重复性条件下获得的两次独立测定结果的算术平均值表示，每100 g样品中蛋白质含量≥1 g时，结果保留3位有效数字；每100 g样品中蛋白质含量<1 g时，结果保留2位有效数字。

(2)精密度

在重复性条件下获得的两次独立测定结果的绝对差值不得超过算术平均值的10%。

5. 说明及注意事项

(1)所用试剂溶液应用无氨蒸馏水配制。

(2)消化时不要用强火,应保持和缓沸腾,以免黏附在消解管内壁上的含氮化合物在无硫酸存在的情况下未消化完全而造成氮损失。

(3)消化过程中应注意不时拨动消解管,以便利用冷凝酸液将附在瓶壁上的固体残渣洗下并促进其消化完全。

(4)样品中若含脂肪或糖较多时,消化过程中易产生大量泡沫,为防止泡沫溢出瓶外,在开始消化时应用小火加热,并不停地摇动;或者加入少量辛醇或液状石蜡或硅油消泡剂,同时注意控制热源强度。

(5)当样品消化液不易澄清透明时,可将凯氏烧瓶冷却,加入30%过氧化氢2~3 mL后再继续加热消化。

(6)若取样量较大,如干样品超过5 g,可按每克试样5 mL的比例增加硫酸用量。

(7)蒸馏装置不能漏气,蒸汽发生要均匀充足,蒸馏过程中不得停火断气,否则将发生倒吸。加碱要足量,操作要迅速;漏斗应采用水封措施,以免氨由此逸出损失。

(8)硼酸吸收液的温度不应超过40 ℃,否则对氨的吸收作用减弱,造成损失,此时可置于冷水浴中。

(9)蒸馏完毕后,应先将冷凝管下端提离液面清洗管口,再蒸馏1 min后关掉热源,否则可能造成吸收液倒吸。

6.思考题

(1)蒸馏瓶中的蒸馏水为何要添加数毫升硫酸保持酸性?

(2)从哪几个方面能提高测定的准确性?

四、分光光度法测定

1.分析原理

食品中的蛋白质在催化加热条件下被分解,分解产生的氨与硫酸结合生成硫酸铵,在 pH =4.8 的乙酸钠 – 乙酸缓冲溶液中与乙酰丙酮和甲醛反应生成黄色的3,5 – 二乙酰 – 2,6 – 二甲基 – 1,4 – 二氢化吡啶化合物。在波长 400 nm下测定其吸光度,与标准系列比较定量,结果乘以换算系数,即得蛋白质含量。

2. 仪器和试剂

除非另有规定,本方法中所用试剂均为分析纯。

(1)分析天平:感量 0.001 g。

(2)石墨消解炉。

(3)消解管。

(4)分光光度计。

(5)恒温水浴锅:100 ± 0.5 ℃。

(6)具塞玻璃比色管:10 mL。

(7)硫酸铜。

(8)硫酸钾。

(9)硫酸:1.84 g/L。

(10)氢氧化钠。

(11)对硝基苯酚。

(12)乙酸钠。

(13)无水乙酸钠。

(14)乙酸:优级纯。

(15)甲醛:37%。

(16)乙酰丙酮。

(17)氢氧化钠溶液(300 g/L):称取 30 g 氢氧化钠加水溶解后,放冷,并定容至 100 mL。

(18)对硝基苯酚指示剂溶液(1 g/L):称取 0.1 g 对硝基苯酚溶于 20 mL 95% 乙醇中,加水定容至 100 mL。

(19)乙酸溶液(1 mol/L):量取 5.8 mL 乙酸,加水定容至 100 mL。

(20)乙酸钠溶液(1 mol/L):称取 41 g 无水乙酸钠或 68 g 乙酸钠,加水溶解后定容至 500 mL。

(21)乙酸钠 – 乙酸缓冲溶液:量取 60 mL 乙酸钠溶液与 40 mL 乙酸溶液混合,该溶液 pH =4.8。

(22)显色剂:15 mL 甲醛与 7.8 mL 乙酰丙酮混合,加水定容至 100 mL,剧烈振摇混匀(室温下放置稳定 3 天)。

（23）氨氮标准储备溶液（以氮计）（1 g/L）：称取 105 ℃干燥 2 h 的硫酸铵 0.472 g 加水溶解后移于 100 mL 容量瓶中，定容至刻度，混匀，此溶液每毫升相当于 1 mg 氮。

（24）氨氮标准使用溶液（0.1 g/L）：用移液管吸取 10 mL 氨氮标准储备液于 100 ml 容量瓶内，加水定容至刻度，混匀，此溶液每毫升相当于 0.1 mg 氮。

3. 分析步骤

（1）样品的湿法消化

称取经粉碎混匀过 40 目（相对于 380 μm）筛的固体样品 0.1 ~ 0.5 g（精确至 0.001 g）、半固体豆腐样品 0.2 ~ 1 g（精确至 0.001 g）或液体豆浆样品 1 ~ 5 g（精确至 0.001 g），移入干燥的 280 mL 消解管中，加入 0.1 g 硫酸铜、1 g 硫酸钾及 5 mL 硫酸，轻摇后置于石墨消解炉上。缓慢加热，待内容物全部炭化、泡沫产生完全停止后，加强火力，并保持瓶内液体微沸，至液体呈蓝绿色澄清透明后，再继续加热半小时。取下放冷，慢慢加入 20 mL 水，放冷后移入 50 mL 或 100 mL 容量瓶中，用少量水洗消解管，洗液并入容量瓶中，再加水至刻度，混匀备用。按同一方法做试剂空白实验。

（2）样品溶液的制备

吸取 2 ~ 5 mL 样品或试剂空白消化液于 50 mL 或 100 mL 容量瓶内，加 1 ~ 2 滴对硝基苯酚指示剂溶液，摇匀后滴加氢氧化钠溶液中和至黄色，再滴加乙酸溶液至溶液无色，用水稀释至刻度，混匀。

（3）标准曲线的绘制

吸取 0 mL、0.05 mL、0.1 mL、0.2 mL、0.4 mL、0.6 mL、0.8 mL 和 1 mL 氨氮标准使用溶液（相当于 0 μg、5 μg、10 μg、20 μg、40 μg、60 μg、80 μg 和 100 μg 氮），分别置于 10 mL 比色管中。加 4 mL 乙酸钠 - 乙酸缓冲溶液及 4 mL 显色剂，加水定容至刻度，混匀。置于 100 ℃水浴中加热 15 min。取出用水冷却至室温后，移入 1 cm 比色杯内，以零管为参比，于波长 400 nm 处测量吸光度，绘制标准曲线或计算线性回归方程。

(4)样品测定

吸取 0.5 ~ 2 mL(约相当于氮 < 100 μg)样品溶液和等量的试剂空白溶液,分别置于 10 mL 比色管中。按标准曲线的绘制方法,自"加 4 mL 乙酸钠 – 乙酸缓冲溶液及 4 mL 显色剂"起操作。样品吸光度与标准曲线比较定量或代入线性回归方程求出含量。

4.结果分析

(1)分析结果的表述

样品中蛋白质的含量按式(3 – 2)进行计算。

$$\omega = \frac{c - c_0}{m \times \dfrac{V_2}{V_1} \times \dfrac{V_4}{V_3} \times 1\,000 \times 1\,000} \times 100 \times F \qquad (3-2)$$

式中:

ω——每 100 g 样品中蛋白质的含量,g;

c——样品溶液中氮的含量,μg;

c_0——试剂空白溶液中氮的含量,μg;

V_1——样品消化液定容体积,mL;

V_2——制备样品溶液的消化液体积,mL;

V_3——样品溶液总体积,mL;

V_4——测定用样品溶液体积,mL;

m——样品质量,g;

F——氮换算为蛋白质的系数,同凯式定氮法。

以重复性条件下获得的两次独立测定结果的算术平均值表示,每 100 g 样品中蛋白质含量≥1 g 时,结果保留 3 位有效数字;每 100 g 样品中蛋白质含量 <1 g 时,结果保留 2 位有效数字。

(2)精密度

在重复性条件下获得的两次独立测定结果的绝对差值不得超过算术平均值的 10%。

5.说明及注意事项

样品的消化过程同凯式定氧法。

6.思考题

与凯氏定氮法相比,其优缺点是什么?

第三节　大豆分离蛋白的提取与测定

一、能力素养

1.掌握等电点分离蛋白质的方法。
2.掌握大豆分离蛋白含量的测定方法。

二、知识素养

大豆蛋白含有人体所需的 8 种必需氨基酸,是目前公认的全价蛋白。根据沉降系数分类,大豆蛋白主要由四种组分组成,分别为 2S、7S、11S 和 15S。在这四种蛋白质中,7S 和 11S 组分所占比例超过 80%,此外不同品种的大豆蛋白 7S/11S 的范围为 0.5 ~ 1.3。除了主要的 7S 和 11S 组分外,大豆蛋白中还含有许多具有生物活性的蛋白质,此外市面上销售的不同种类的大豆蛋白中还含有异黄酮、卵磷脂和皂苷等物质。

大豆蛋白制品按蛋白质含量,分为大豆粉、大豆浓缩蛋白、大豆分离蛋白等。

大豆分离蛋白具有一定的乳化能力,蛋白质包围在油滴的表面,它的疏水基与油滴结合,亲水基与水结合,形成一种保护层,从而防止油滴聚集和乳化状态的破坏,促使乳化性状的稳定。

凝胶性质是大豆分离蛋白重要的功能性质之一,利用大豆分离蛋白的高凝胶性可以提高添加大豆分离蛋白的肉制品的某些性质。目前研究认为大豆分离蛋白的凝胶形成分为以下几个阶段:首先,在加热条件下大豆分离蛋白的 7S

组分先发生部分去折叠使一些疏水基团暴露出来,当温度继续升高,11S 组分就开始发生裂解生成亚基;然后,在冷却的条件下,通过疏水相互作用、静电作用等之前解聚出来的基团重新结合在一起,形成新的三维网状结构即凝胶。蛋白质氧化、离子强度、蛋白浓度、pH 值及加热时间和温度等均会影响大豆分离蛋白凝胶的形成。

大豆分离蛋白除具有上述性质外,还具有发泡性。在大豆分离蛋白搅打过程中,空气分散相被围困于蛋白质溶液中形成泡沫。蛋白质分子在界面快速扩散并排列,再次重组形成黏弹性的薄膜,成为一种良好的发泡剂。大豆分离蛋白通过降解剂在有限范围内降解可使发泡能力增强,且蛋白质的聚合程度与发泡能力成反比。

此外,大豆分离蛋白还表现出一定的分散性、吸水性、持水性、持油性以及黏性。

三、分析原理

蛋白质分子在等电点时以两性离子形式存在,其分子净电荷为零(即正负电荷相等),此时蛋白质分子颗粒在溶液中没有相同电荷的相互排斥,分子相互之间的作用力减弱,其颗粒极易碰撞、凝聚而产生沉淀,所以蛋白质在等电点时溶解度最小,最易形成沉淀物。等电点时的黏度、膨胀性、渗透压等都变小,从而有利于悬浮液的过滤。

双缩脲试剂本是用来检测双缩脲的,由于蛋白质分子中含有很多与双缩脲结构相似的肽键,因此也能与铜离子在碱性溶液中发生双缩脲反应。当底物中含有肽键(多肽)时,试液中的铜与多肽配位,配合物呈紫色,可通过比色法分析浓度。鉴定反应的灵敏度为 5 ~ 160 mg/mL。双缩脲试剂中硫酸铜起真正的作用,而氢氧化钾只提供碱性环境,因此它可被其他碱(如氢氧化钠)所代替。向试剂中加入碘化钾,会延长试剂的使用寿命。酒石酸钾钠的作用是保护反应生成的络离子不被析出变为沉淀而使试剂失效。需要注意的是,能与双缩脲试剂发生紫色反应的化合物分子中至少含有两个肽键。因此,二肽无法用此法来检验。

四、试剂及仪器

1. 脱温低脂豆粕。

2. 双缩脲试剂:取 0.75 g 硫酸铜和 3 g 酒石酸钾钠溶于 250 mL 蒸馏水,加入 150 mL 10% 氢氧化钠溶液,用水稀释至 500 mL。

3. 蛋白质标准溶液:以牛血清白蛋白(BSA)为标准蛋白,配成 10 mg/mL 标准液备用。

4. 其他:氢氧化钠、盐酸等。

5. 仪器和设备:

(1)紫外 – 可见分光光度计。

(2)感量为 1 mg 和 0.1 mg 的分析天平、恒温培养箱等。

五、分析步骤

1. 大豆分离蛋白的制备

取脱脂低温豆粕粉 200 g 与 15 倍去离子水混合,用 2 mol/L 氢氧化钠调 pH 至 7.5 ~ 8,搅拌 1 h 后,将其悬浮液在 4 ℃ 条件下 6 000 r/min 离心 20 min,取上清液用 2 mol/L 盐酸调 pH 至 4.5。静置后在 4 ℃ 条件下 6 000 r/min 离心 10 min。取蛋白质沉淀分散于水中并用 2 mol/L 氢氧化钠调 pH 至 7,冷冻干燥后置于 4 ℃ 保存备用。

2. 蛋白质含量测定

(1)标准曲线的绘制

取 6 支干净的试管,按表 3 – 2 加入试剂,振荡摇匀后室温下反应 30 min,然后于 540 nm 处测定吸光度,以吸光度为横坐标、蛋白质浓度为纵坐标绘制标准曲线。

表3-2 牛血清白蛋白标准曲线的制备步骤

管号	蛋白质标准溶液/mL	蒸馏水/mL	双缩脲试剂/mL
0	0	1	4
1	0.2	0.8	4
2	0.4	0.6	4
3	0.6	0.4	4
4	0.8	0.2	4
5	1	0	4

（2）样品中蛋白质含量的测定

取待测蛋白质样品溶液 1 mL 于干净的试管中，然后加入 4 mL 双缩脲试剂，振荡摇匀后室温下反应 30 min，于 540 nm 处测定吸光度，最后对照标准曲线求得蛋白质含量。

六、结果分析

1.表示形式

样品中蛋白质含量以 mg/mL 表示，计算结果以重复性条件下获得的两次独立测定结果的算术平均值表示，结果保留小数点后 3 位。

2.精密度

在重复性条件下获得的两次独立测定结果的绝对差值不得超过算术平均值的 10%。

七、注意事项

双缩脲试剂的配制应用冷的氢氧化钠。

第四节　大豆制品中氨基酸总量的测定

一、能力素养

1. 掌握单指示剂与双指示剂甲醛滴定法测定食品中氨基酸的基本操作技能。

2. 熟悉 GB/T 8314—2013、GB 5009. 124—2016 测定氨基酸总量的基本原理和操作方法。

二、知识素养

氨基酸是含有一个碱性氨基和一个酸性羧基的一类有机化合物的通称,是生物功能大分子蛋白质的基本组成单位,是构成动物所需蛋白质的基本物质。

三、单指示剂甲醛滴定法

1. 分析原理

氨基酸具有酸、碱两重性质,因为氨基酸含有—COOH 显示酸性,又含有—NH_2 显示碱性。这两个基团的相互作用,使氨基酸成为中性的内盐。当加入甲醛溶液,—NH_2 与甲醛结合,碱性消失,内盐被破坏,用碱来滴定—COOH,以间接方法测定氨基酸的量,反应式可能以如图 3 - 3 中三种形式存在。

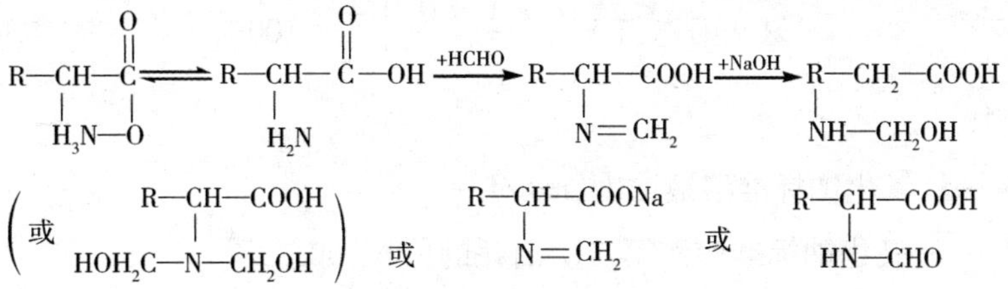

图 3 - 3 单指示剂甲醛滴定法反应式

2. 仪器和试剂

除非另有规定,本方法中所用试剂均为分析纯。

(1)中性甲醛溶液:以百里酚酞做指示剂,用氢氧化钠溶液将 40% 甲醛中和至淡蓝色。

(2)百里酚酞乙醇溶液:1 g/L。

(3)氢氧化钠标准溶液:0.1 mol/L。

3. 分析步骤

(1)测定

称取一定量样品(含 20 mg 左右的氨基酸)于烧杯中(如为固体加水 50 mL),加 2~3 滴指示剂,用 0.1 mol/L 氢氧化钠标准溶液滴定至淡蓝色。加入中性甲醛溶液 20 mL,摇匀,静置 1 min,此时蓝色应消失。再用 0.1 mol/L 氢氧化钠标准溶液滴定至淡蓝色。

(2)分析结果记录

记录第二次滴定所消耗的氢氧化钠标准溶液体积。

4. 结果分析

(1)分析结果的表述

样品中氨基酸态氮含量用式(3 - 3)计算。

$$氨基酸态氮 = \frac{c \times V \times 0.014}{m} \times 100\%$$ (3-3)

式中:

c——氢氧化钠标准溶液浓度,mol/L;

V——氢氧化钠标准溶液第二次消耗的体积,mL;

m——样品溶液相当于样品质量,g;

0.014——氮的毫克当量,g/mmol。

(2)精密度

同一样品的两次独立测定结果之差不得超过算术平均值的2%。

5.说明及注意事项

(1)此法简单易行、快速方便。在发酵工业中常用此法测定发酵液中氨基氮含量的变化,来了解可被微生物利用的氮源的量及其利用情况,并以此作为控制发酵生产的指标之一。

(2)脯氨酸与甲醛作用时产生不稳定的化合物,使结果偏低。

(3)酪氨酸含有酚羟基,滴定时会消耗一些碱而使结果偏高。

(4)溶液中的铵也可与甲醛反应,往往使结果偏高。

6.思考题

造成此法误差的因素都有哪些?

四、双指示剂甲醛滴定法

1.分析原理

原理同单指示剂甲醛滴定法,只是在此法中使用了两种指示剂。从分析结果看,双指示剂甲醛滴定法的结果与亚硝酸氮气容量法(此法操作复杂,不做介绍)相近,较单指示剂甲醛滴定法稍偏低,主要因为单指示剂甲醛滴定法是以氨基酸溶液 pH 值作为百里酚酞的终点,pH 值在 9.2,而双指示剂甲醛滴定法是以氨基酸溶液 pH 值作为中性红的终点,pH 值为 7,从理论计算看,双指示剂甲醛滴定法较为准确。

2. 仪器和试剂

除非另有规定,本方法中所用试剂均为分析纯。

(1)氢氧化钠标准溶液、百里酚酞乙醇溶液、中性甲醛溶液同单指示剂甲醛滴定法。

(2)中性红乙醇溶液:1 g/L。

3. 分析步骤

(1)测定

吸取含氨基酸20～30 mg的样品溶液2份,分别注入250 mL锥形瓶中,各加50 mL蒸馏水,一份加入中性红乙醇溶液2～3滴,用0.1 mol/L氢氧化钠标准溶液滴定终点(由红变琥珀色);另一份加入百里酚酞乙醇溶液3滴和中性甲醛溶液20 mL,摇匀,静置1 min,以0.1 mol/L氢氧化钠标准溶液滴定至淡蓝色。

(2)分析结果记录

分别记录两次滴定所消耗的氢氧化钠标准溶液的体积。

4. 结果分析

(1)分析结果的表述

样品中氨基酸态氮含量用式(3-4)计算。

$$氨基酸态氮 = \frac{c \times (V_2 - V_1) \times 0.014}{m} \times 100\% \qquad (3-4)$$

式中:

c——氢氧化钠标准溶液浓度,mol/L;

V_1——用百里酚酞做指示剂时氢氧化钠标准溶液消耗的体积,mL;

V_2——用中性红做指示剂时氢氧化钠标准溶液消耗的体积,mL;

m——样品溶液相当于样品质量,g;

0.014——氮的毫克当量,g/mmol。

(2)精密度

同一样品的两次独立测定结果之差不得超过算术平均值的2%。

5. 说明及注意事项

(1)同单指示剂甲醛滴定法。
(2)如测定时样品的颜色较深,则应加活性炭脱色之后再滴定。

6. 思考题

试分析单、双指示剂甲醛滴定法测定食品中的氨基酸总量的优缺点。

五、电位滴定法

1. 分析原理

利用氨基酸两性电解质性质,加入甲醛以固定—NH_2 的碱性,使—COOH 显示出酸性,用氢氧化钠标准溶液滴定,以酸度计控制滴定终点。

2. 仪器和试剂

除非另有规定,本方法中所用试剂均为分析纯。
(1)同单指示剂甲醛滴定法。
(2)酸度计:pH = 0 ~ 14 直接读数式,精度 ±0.1pH。
(3)磁力搅拌器。
(4)微量滴定管:10 mL。
(5)甲醛:36%。
(6)氢氧化钠标准溶液:0.05 mol/L。

3. 分析步骤

(1)样品的制备

吸取酱油 5 mL,加水定容至 100 mL。

(2)样品测定

于 200 mL 烧杯中加入 20 mL 样品,加 60 mL 蒸馏水,开启磁力搅拌器,待稳定后把酸度计的复合电极小心放入烧杯,用氢氧化钠标准溶液滴定至酸度计指示 pH 值为 8.2,记下消耗氢氧化钠标准溶液的体积。

准确加入 10 mL 甲醛,混匀,用氢氧化钠标准溶液继续滴定至 pH = 9.2,记下消耗氢氧化钠标准溶液的体积。

量取 80 mL 水,先用氢氧化钠标准溶液调节 pH 值为 8.2,再加入 10 mL 甲醛,用氢氧化钠标准溶液滴定至 pH = 9.2,作为试剂空白实验。

(3)分析结果记录

分析结果记录方式见表 3-3 所示。

表 3-3　分析结果记录

	第一次	第二次	第三次	平均值
滴定至 pH = 8.2 消耗氢氧化钠体积/mL				
滴定至 pH = 9.2 消耗氢氧化钠体积/mL				

4.结果分析

(1)分析结果的表述

样品中氨基酸态氮含量用式(3-5)计算,结果保留两位有效数字。

$$X = \frac{(V_1 - V_2) \times c \times 0.014}{\frac{5}{100} \times 20} \times 100 \qquad (3-5)$$

式中:

X——样品中氨基酸态氮的含量,g/100 mL;

V_1——测定样品在加入甲醛后滴定至终点(pH = 8.2)所消耗氢氧化钠标准溶液的体积,mL;

V_2——空白实验中加入甲醛后滴定至终点所消耗氢氧化钠标准溶液的体

积,mL;

  c——氢氧化钠标准溶液的浓度,mol/L;

  0.014——氮的毫克当量,g/mmol。

(2)精密度

同一样品的两次独立测定结果之差不得超过算术平均值的2%。

5.说明及注意事项

(1)本法具有准确快速的特点,可用于各类食品游离氨基酸含量测定。

(2)对固体样品一般应进行粉碎,准确称量后加适量水在50 ℃水浴中萃取0.5 h,再进行检测。

(3)对于混浊和色深样品可不经处理直接测定。

(4)检测结果的准确性与所使用的酸度计是否准确密切相关。因此检测前应检查复合电极的可靠性,用电极标准缓冲溶液对酸度计进行校正,使用完毕需用蒸馏水冲洗电极并浸泡在饱和氯化钾溶液保存。

6.思考题

(1)检测时为何要加入甲醛?

(2)根据结果,探讨产生实验误差的因素。

六、茚三酮比色法

1.分析原理

α - 氨基酸在 pH = 8 的条件下与茚三酮共热,形成紫色络合物,用分光光度法在特定的波长下测定其含量。

2.仪器和试剂

除非另有规定,本方法中所用试剂均为分析纯。

(1)分析天平:感量0.001 g。

(2)分光光度计。

（3）磷酸盐缓冲液（pH=8）：配制 1/15 mol/L 磷酸氢二钠溶液和 1/15 mol/L 磷酸二氢钾溶液。然后取 1/15 mol/L 的磷酸氢二钠溶液 95 mL 和 1/15 mol/L 磷酸二氢钾溶液 5 mL，混匀。

（4）2% 茚三酮溶液：称取水合茚三酮（纯度不低于99%）2 g，加 50 mL 水和 80 mg 氯化亚锡（$SnCl \cdot 2H_2O$）搅拌均匀。分次加少量水溶解，放在暗处，静置一昼夜，过滤后加水定容至 100 mL。

（5）谷氨酸标准液：称取 100 mg 谷氨酸（纯度不低于99%）溶于 100 mL 水中，作为母液。准确吸取 5 mL 母液，加水定容至 50 mL 作为工作液（1 mL 含谷氨酸 0.1 mg）。

3.分析步骤

（1）样品的制备

称取 3 g（准确至 0.001 g）磨碎样品于 500 mL 锥形瓶中，加沸蒸馏水 450 mL，立即移入沸水浴中，浸提 45 min（每隔 10 min 摇动一次）。浸提完毕后立即趁热减压过滤。滤液移入 500 mL 容量瓶中，残渣用少量热蒸馏水洗涤 2～3 次，并将滤液移入上述容量瓶中，冷却后用蒸馏水定容至刻度。

（2）样品测定

准确吸取试液 1 mL，注入 25 mL 容量瓶中，加 0.5 mL pH=8 磷酸盐缓冲液和 0.5 mL 2% 茚三酮溶液，在沸水浴中加热 15 min。待冷却后加水定容至 25 mL。放置 10 min 后，用 5 mm 比色杯，在 570 nm 处以试剂空白溶液做参比，测定吸光度（A）。

（3）氨基酸标准曲线的制作

分别吸取 0 mL、1 mL、1.5 mL、2 mL、2.5 mL、3 mL 谷氨酸标准液于一组 25 mL 容量瓶中，各加水 4 mL、pH=8 磷酸盐缓冲液 0.5 mL 和 2% 茚三酮溶液 0.5 mL，在沸水浴中加热 15 min，冷却后加水定容至 25 mL，按（2）中的操作测定吸光度（A）。以测得的吸光度与对应的谷氨酸浓度绘制标准曲线。

4. 结果分析

(1)分析结果的表述

样品中游离氨基酸含量以干态质量分数表示,按式(3-6)计算。

$$游离氨基酸总量(以茶氨酸或谷氨酸计) = \frac{\frac{m}{1\,000} \times \frac{V_1}{V_2}}{m_0 \times \omega} \times 100\% \qquad (3-6)$$

式中:

V_1——试液总量,mL;

V_2——测定用试液量,mL;

m_0——样品质量,g;

m——由标准曲线计算得出的谷氨酸的毫克数,mg;

ω——样品干物质含量,%。

(2)精密度

同一样品的两次测定结果之差,每100 g样品不得超过0.1 g。

5. 说明及注意事项

取两次测定的算术平均值作为结果,结果保留小数点后1位。

6. 思考题

该方法与GB 5009.124—2016中氨基酸的测定相比,优缺点是什么?

第四章　果蔬的营养与检测技术

人类的食物分为动物性食物和植物性食物:动物性食物包括肉类、蛋类、乳类等,是人体蛋白质和脂肪的主要来源;植物性食物包括粮食、蔬菜、水果等,粮食是人体能量的主要来源,而蔬菜和水果是人类维生素、矿物质、有机酸等物质的主要来源,此外蔬菜和水果还具有中和胃酸和帮助消化的功能,有些蔬菜和水果还包含丰富的淀粉、蛋白质和脂肪等营养物质。

果蔬产品不仅营养丰富,而且含水分较多,具有便于加工的特性。目前,果蔬的精深加工促进了果蔬原料的综合利用。果蔬可开发生产具有生物活性功能的果胶、多糖、多酚等功能成分和色素、香精油、活性炭等产品,提高了原料的利用率。

黑龙江拥有全国最多的优质寒地黑土,水果、蔬菜的种类较多,品质优良,可加工的产品也非常丰富,深加工产品也多种多样。

第一节　果蔬的几种加工种类

一、果蔬干制

果蔬干制指利用一定的方法,脱去水果或蔬菜中的大部分水分,设法保持其原有风味的干燥方法,所得的制品为果蔬干制品。干制设备加工简单,操作容易,成本低廉,制品具有体积小、质量轻、便于运输和保藏的优点,还可有效调节果蔬生产淡旺季节。一些传统的果蔬干制品,如东北常见的干豆角丝、干土豆片、干黄瓜片、干茄子块、干辣椒、干黄花菜、干南瓜片,已成为东北人生活中不可缺少的食品。

果蔬干制工艺按照工艺性质可分为原料选择、预处理、脱水干燥、后处理等几个阶段。原料选择要求水果原料干物质含量高、纤维素含量低、风味好、核小皮薄,要求蔬菜原料肉质厚、组织致密、粗纤维少、新鲜饱满、色泽好、废弃部分少。其中果蔬干制工艺的关键环节是预处理和脱水干燥。

二、蔬菜腌制

腌制是一种古老的蔬菜加工方法,在我国已有悠久的历史,劳动人民在长期的生产实践中积累了丰富的经验,创造出了许多名特产品,如四川榨菜、云南大头菜、北京酱菜、东北酸菜等。蔬菜腌制方法简易,成本低廉,产品易于保存,具有独特的色、香、味,合乎大众化原则。另外,在调节蔬菜的淡旺季供应、丰富副食品种类方面,蔬菜腌制品也有相当重要的作用。冬季北方人习惯将新鲜蔬菜腌制成小咸菜,作为餐桌上一道可口的下饭菜。

蔬菜腌制品可分为两大类,即发酵性腌制品和非发酵性腌制品。发酵性腌制品的特点是腌制时食盐用量低,同时有显著的乳酸发酵,一般还伴随有微弱的乙醇发酵和乙酸发酵,产品具有明显的酸味,如泡菜、酸菜、糖醋蒜等均属此类。非发酵性腌制品的特点是腌制时食盐用量较高,使乳酸发酵完全受到抑制或只能极其微弱地进行,产品含酸量低、含盐量高,通常感觉不出有酸味,如咸菜、酱菜等均属此类。

三、果蔬糖制品加工

果蔬糖制品是将果蔬加糖浸渍或热煮而成的高糖制品,按其加工方法和状态一般分为高糖(蜜饯类)和高糖高酸(果酱类)两大类。目前,糖制品有苹果脯、杏脯、蜜枣、糖姜片、冬瓜条、红薯条、橘饼、九制陈皮、雪梅以及各种果酱等。

四、果酒、果醋的酿制

果酒是将果浆或果汁通过乙醇发酵而酿成的含醇饮料。酿造果酒的水果通常以猕猴桃、杨梅、橙、葡萄、荔枝、蜜桃、草莓等较为理想。选取时要求成熟度达到全熟透、果汁糖分含量高、无霉烂变质、无病虫害。果酒营养丰富,含有多种糖类、有机酸、芳香酯、维生素、氨基酸和矿物质等,其中一些酒中的单宁、白藜芦醇、花色素以及其他多酚物质,可预防和治疗心血管疾病,抗菌,抗动脉硬化,经常适量饮用,能补充人体营养,有益身体健康。另外,果酒在色、香、味上别具风韵,不同的果酒可以满足不同消费者的需求。果酒可以节约酿酒用粮,具有广阔的发展前景。

果醋是以果实或果汁为原料,经乙醇发酵、乙酸发酵而成的制品,也可直接用果酒进行乙酸发酵。所得的果醋可以用于烹调,也可制成口服液直接饮用。

五、果蔬副产物综合利用

在每年的收获季节,除大量供给市场的新鲜果蔬和用于贮藏加工的果蔬外,往往还有大量的副产物,如果肉碎片、果皮、果心、种子及其他果蔬产品的下脚料;在原料生产基地,从栽培至收获的整个生产过程中,还会有很大数量的落花、落果及残次果实。这些副产物提取的种类可分两类:一类为可食性物质的提取,一类为非可食性物质的提取。可食性物质有果胶、香精油、天然色素、糖苷、有机酸、种子油、蛋白质、维生素等,非可食性物质有乙醇、甲烷、活性炭等。

果蔬加工副产物中有的具有很高的利用价值及经济价值,如:从甜菜渣、苹果渣、橘皮、西瓜皮等下脚料中提炼的果胶,属于半乳糖醛酸的胶体大分子聚合物,分子的长链结构能形成稳固的凝胶结构。其中,高甲氧基果胶可用在含糖并且有胶凝的食品上,低甲氧基果胶可用在低糖或无糖的食品上。从葡萄籽中提取的葡萄籽油,有营养脑细胞、调节自主神经、降低血清胆固醇的作用,它可作为幼儿和老人的营养油及高空作业人员的保健油。葡萄皮渣还可提取天然色素用于酒类和饮料的生产,提取食物纤维作为强化食品的原料。番茄红素是使番茄呈现红色的主要类胡萝卜素,大部分的番茄红素存在于水溶性果膜和果皮中,因此,挤压后的番茄副产物含有大量的番茄红素,在番茄加工中,番茄红素会大量流失,采用超临界 CO_2 萃取技术从番茄副产物中提取番茄红素和 β - 胡萝卜素,并加入一定量乙醇,其回收率可达 50%。另外,核果类果实的核是制造活性炭的良好原料,利用蘑菇预煮液制成健肝片,从生姜渣中可以提取姜油树脂,从洋葱中提取黄酮,从南瓜子中提取糖蛋白、多糖等活性物质。副产物要综合利用,无废弃开发具有广阔的发展前景。

第二节 果蔬中总酸度的测定

一、能力素养

1. 掌握果蔬中总酸度的测定方法。

2. 掌握 GB/T 12456—2008 食品中总酸度的测定的基本操作技能。

二、知识素养

总酸度是指食品中所有酸性成分的总量,它包括未解离的酸的浓度和已解离的酸的浓度,其大小可借滴定法来确定,又称为"可滴定酸度"。

三、电位滴定法测定果蔬中的总酸度

1. 分析原理

根据酸碱中和原理,用碱液滴定试液中的酸,根据电位的"突跃"判断滴定终点。按碱液的消耗量计算果蔬中的总酸度。

2. 仪器和试剂

除非另有规定,本方法中所用试剂均为分析纯。

(1)酸度计:pH = 0 ~ 14 直接读数式,精度 ±0.1pH。

(2)玻璃电极和甘汞电极。

(3)缓冲溶液:pH = 8。

(4)盐酸标准溶液:0.1 mol/L。

(5)氢氧化钠标准溶液:0.1 mol/L。

(6)盐酸标准溶液:0.05 mol/L。

3.分析步骤

(1)试样的制备

①液体样品

不含二氧化碳的样品充分混匀。含二氧化碳的样品经旋摇及水浴排除二氧化碳。啤酒中的二氧化碳按 GB/T 4928—2008 规定的方法除去。

②固体样品

不可食用部分去除后取至少200 g有代表性的样品,置于研钵或组织捣碎机中,加入与样品等量的水,研碎或捣碎,混匀。面包取样时,取其中心部分,充分混匀,直接用于制备供试液。

③固、液体样品

根据样品的固、液体比例至少取样品200 g,去除不可食用部分,研碎或捣碎,混匀。

(2)总酸度的测定

取 20~50 mL 样液(含 0.035~0.07 g 酸),置于 150 mL 烧杯中,加40~60 mL 水。将酸度计电源接通,待指针稳定后,用 pH=8 的缓冲溶液校正酸度计。将盛有样液的烧杯放到磁力搅拌器上,再将玻璃电极及甘汞电极浸入试液的适当位置。按下读数开关,开动磁力搅拌器,迅速用 0.1 mol/L 氢氧化钠标准溶液(如样品酸度太低,可用 0.01 mol/L 或 0.05 mol/L 氢氧化钠标准溶液)滴定,并随时观察溶液 pH 值的变化,接近终点时,应放慢滴定速度。一次滴加半滴(最多一滴),直至溶液的 pH 值达到指定终点。记录消耗氢氧化钠标准溶液的体积(V_1)。同一被测样品须测定两次。

(3)空白实验

用水代替试液做空白实验,记录消耗氢氧化钠标准溶液的总体积(V_2)。

(4)滴定终点 pH 值判断

柠檬酸 8~8.1,苹果酸 8~8.1,酒石酸 8.1~8.2,乳酸 8.1~8.2,乙酸 8~

8.1,盐酸 8.1~8.2,磷酸 8.7~8.8。

4.结果分析

(1)分析结果的表述

总酸度以每千克(或每升)样品中酸的克数表示,按如下公式计算。

$$X = \frac{[c_1 \times (V_1 - V_2) - c_2 \times V_3] \times K \times F}{m(\text{或} V_1)} \times 1\,000 \qquad (4-1)$$

式中:

X—— 每千克(或每升)样品中酸的克数,g/kg(或 g/L);

c_1——氢氧化钠标准溶液的浓度,mol/L;

V_1——滴定样液时消耗氢氧化钠标准溶液的体积,mL;

V_2——空白实验时消耗氢氧化钠标准溶液的体积,mL;

F——样液的稀释倍数;

$m(\text{或} V_1)$——样品量,g(或 L);

K——酸的换算系数。各种酸的换算系数:苹果酸,0.067;乙酸,0.060;酒石酸,0.075;柠檬酸,0.06;柠檬酸(含一分子结晶水),0.070;乳酸,0.090;盐酸,0.036;磷酸,0.033。

(2)精密度

同一样品的两次测定值之差,不得超过算术平均值的2%。

5.说明及注意事项

(1)计算结果精确到小数点后2位。

(2)新电极或很久未用的干燥电极,必须预先浸在蒸馏水或 0.1 mol/L 盐酸溶液中 24 h 以上。

(3)甘汞电极中氯化钾为饱和溶液,为避免在室温升高时氯化钾变为不饱和,建议加入少许氯化钾晶体。

(4)若电极玻璃膜上有油污,则将玻璃电极依次浸入乙醇、丙酮中清洗,最后用蒸馏水冲洗干净。

(5)仪器一经标定,定位和斜率旋钮就不得随意触动,否则必须重新标定。

6.思考题

试分析电位滴定法测定食品总酸度的优越性。

第三节　果蔬中维生素 C 含量的测定

一、能力素养

1. 掌握 GB 5009.86—2016 食品中维生素 C 的测定的基本操作技能。
2. 了解行业内几种维生素 C 含量测定的方法。

二、知识素养

维生素 C 又叫 L – 抗坏血酸,是一种水溶性维生素。食物中的维生素 C 易被人体小肠上段吸收。一旦吸收,维生素 C 就分布到体内所有的水溶性结构中,正常成人体内的维生素 C 代谢活性池中约有 1 500 mg 维生素 C,最高储存峰值达 3 000 mg。正常情况下,维生素 C 绝大部分在体内经代谢分解成草酸或与硫酸结合生成维生素 C – 2 – 硫酸由尿排出,另一部分可直接由尿排出体外。

维生素 C 的测定通常采用滴定法、比色法、荧光法和高效液相色谱法等。

三、钼蓝比色法

1.分析原理

维生素 C 易被抗坏血酸氧化酶破坏,草酸、盐酸、硫酸以及偏磷酸均可作为阻抑剂而增强维生素 C 在提取液中的稳定性。在有硫酸和偏磷酸存在的条件下,钼酸铵与维生素 C 反应生成蓝色络合物(钼蓝),在 760 nm 处有最大吸收峰,在一定浓度范围(2 ~ 32 μg/mL),吸光度与维生素 C 含量成正比,并且不受提取液中的还原糖及其他常见的还原性物质的干扰。

2. 仪器和试剂

(1)5% H_2SO_4。

(2)5% 钼酸铵溶液:称取 5 g 钼酸铵溶解于蒸馏水中,并定容至 100 mL。

(3)草酸 – EDTA 溶液(0.05 mol/L 草酸、0.2 mmol/L EDTA):准确称取含结晶水的草酸 6.3 g、EDTA 0.058 4 g,用蒸馏水溶解并定容至 1 L。

(4)偏磷酸 – 乙酸溶液:取片状或新粉碎的偏磷酸 3 g,加 20% 乙酸 40 mL,溶解后加水定容至 100 mL,必要时过滤。此试剂在冰箱中可保存 3 天。最好现用现配。

(5)维生素 C 标准溶液:准确称取标准维生素 C 100 mg,加适量草酸 – ED-TA 溶液溶解,并定容于 100 mL,摇匀。此液为 1 mg/mL 维生素 C 溶液,现用现配。

除非另有规定,本方法中所用试剂均为分析纯。

(6)仪器与设备。

①离心机:4 000 r/min。

②分析天平:感量 0.001 g。

③恒温箱:37 ±0.5 ℃。

④紫外 – 可见分光光度计。

⑤其他:磁力搅拌器、研钵、具塞刻度试管、容量瓶、移液管等。

3. 分析步骤

(1)标准曲线的绘制

取 6 支 25 mL 具塞刻度试管,编号,按表 4 – 1 所示加入各试剂。

表 4 – 1　绘制维生素 C 标准曲线时各试剂用量表

试剂	管号					
	0	1	2	3	4	5
维生素 C 标准溶液/mL	0	0.2	0.4	0.6	0.8	1
草酸 – EDTA 溶液/mL	5	4.8	4.6	4.4	4.2	4
偏磷酸 – 乙酸溶液/mL	0.5	0.5	0.5	0.5	0.5	0.5
5% H_2SO_4/mL	1	1	1	1	1	1
5% 钼酸铵溶液/mL	2	2	2	2	2	2

加入硫酸后要摇匀,加完各试剂后,用蒸馏水稀释至刻度,摇匀。于 30 ℃水浴中放置 15 min,以未加维生素 C 溶液管调零点,在 760 nm 处测吸光度。以每管维生素 C 含量做横坐标、吸光度做纵坐标,绘制标准曲线,求得线性回归方程。

(2)样品的制备

准确称取样品 2～5 g 于研钵中,加少量草酸 – EDTA 溶液,研磨至匀浆,转入 50 mL 容量瓶中,再用草酸 – EDTA 溶液冲洗研钵及研棒 2～3 次,冲洗液合并于容量瓶中,间歇振荡提取 20 min,定容至刻度。放置 30 min 后倒出部分提取液于离心管中,以 4 000 r/min 离心 15 min,上清液备用。

(3)样品测定

取上清液 1～5 mL(根据维生素 C 的含量而定)于 25 mL 具塞刻度试管中,加草酸 – EDTA 溶液至 5 mL。以下步骤按标准曲线绘制项操作。加钼酸铵后如溶液变混浊,待显色 15 min 后,再以 4 000 r/min 离心 20 min。取上清液为测定液测吸光度。

4. 结果分析

(1)分析结果的表述

根据测定液的吸光度,利用标准曲线的线性回归方程,求出相应的维生素 C 含量。样品中每百克鲜样含维生素 C 的质量按式(4 – 2)计算。

$$\omega = \frac{m_1 \times V_T}{m \times V_S} \times 100 \qquad (4-2)$$

式中：

ω——每 100 g 样品中维生素 C 的含量，mg；

m_1——测定液中维生素 C 含量，mg；

V_T——提取液总体积，mL；

V_S——测定液体积，mL；

m——鲜样品质量，g。

计算结果以重复性条件下获得的两次独立测定结果的算术平均值表示，结果保留小数点后 3 位。

(2)精密度

在重复性条件下获得的两次独立测定结果的绝对差值不得超过算术平均值的 10%。

5.注意事项

该方法中温度对显色有影响，且颜色随时间延长而加深，因此显色温度和放置时间要求一致。

6.思考题

哪些因素对钼蓝比色法测果蔬中维生素 C 含量具有一定的影响?

四、荧光比色法

1.分析原理

将维生素 C 用偏磷酸－乙酸提取，经活性炭氧化成脱氢维生素 C 后，与邻苯二胺(OPDA)偶联生成脱氢维生素 C 对氮杂萘，为一种荧光物质。在低浓度时，荧光强度与脱氢维生素 C 的含量成正比，可通过荧光比色进行测定，其激发波长为 350 nm，荧光波长在 433 nm。

为避免果蔬样品中的丙酮酸与邻苯二胺反应生成荧光化合物，造成测定结

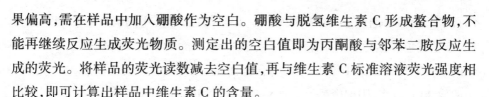

果偏高,需在样品中加入硼酸作为空白。硼酸与脱氢维生素 C 形成螯合物,不能再继续反应生成荧光物质。测定出的空白值即为丙酮酸与邻苯二胺反应生成的荧光。将样品的荧光读数减去空白值,再与维生素 C 标准溶液荧光强度相比较,即可计算出样品中维生素 C 的含量。

2. 试剂及仪器

(1)0.04% 百里酚蓝指示剂:称取 0.1 g 百里酚蓝,加 0.02 mol/L 氢氧化钠溶液,在玻璃研钵中研磨至溶解,氢氧化钠的用量约为 10.75 mL,用水稀释至 250 mL。变色范围:pH =1.2 为红色,pH = 2.8 为黄色,pH >4 为蓝色。

(2)偏磷酸－乙酸溶液:称取 15 g 偏磷酸,加入 40 mL 乙酸及 250 mL 水,加温,搅拌,使之逐渐溶解,冷却后加水至 500 mL,于 4 ℃冰箱可保存 7～10 天。

(3)偏磷酸－乙酸－硫酸溶液:以 0.15 mol/L 硫酸为稀释液,其余同前。

(4)50% 乙酸钠溶液:称取 500 g 乙酸钠（$CH_3COONa \cdot 3H_2O$）,加水至 1 000 mL。

(5)0.05 mol/L 柠檬酸钠溶液:称取 14.7 g 二水合柠檬酸钠,用去离子水稀释至 1 000 mL。

(6)硼酸－乙酸钠溶液:称取 3 g 硼酸,溶于 100 mL 乙酸钠溶液中。临用前配制。

(7)邻苯二胺溶液:称取 20 mg 邻苯二胺,于临用前用水稀释至 100 mL。

(8)维生素 C 标准溶液:准确称取维生素 C 0.100 0 g,用偏磷酸－乙酸溶液定容至 100 mL,棕色瓶 4 ℃贮存。用前用偏磷酸－乙酸溶液稀释 10 倍至 100 μg/mL。

(9)活性炭的活化:加 200 g 炭粉于 1 L 盐酸(1:9)中,加热回流 1～2 h,过滤,用水洗至滤液中无铁离子。置于 110～120 ℃干燥箱中干燥。备用。

(10)仪器和设备:感量为 1 mg 和 0.1 mg 的分析天平、荧光分光光度计、振荡器等。

3. 分析步骤

(1)样品溶液的提取

称取鲜样 100 g,加偏磷酸－乙酸溶液 100 g,转入组织捣碎机内打成匀浆,用百里酚蓝指示剂调节匀浆的酸碱度。如呈红色,即可用偏磷酸－乙酸溶液稀释,若呈黄色或蓝色,则用偏磷酸－乙酸－硫酸溶液稀释,调 pH 值至 1.2。匀浆的取量需根据样品中维生素 C 的含量而定,当含量在 40～100 μg/mL 之间,一般取 20 g 匀浆,用偏磷酸－乙酸溶液稀释至 100 mL,过滤,滤液备用。

(2)样品氧化

精确称量 3～5 g 固体样品或 5～10 g 液体样品,用干法灰化后,加盐酸(1:4)5 mL,置水浴上蒸干,再加入盐酸(1:4)5 mL 溶解并移入 25 mL 容量瓶中,用少量热去离子水多次洗涤容器,洗液并入容量瓶中,冷却后用去离子水定容。

(3)测定

取上述各溶液 2 mL 分别于 15 mL 具塞试管中,加入 5 mL 邻苯二胺溶液,避光振荡 30 min,在荧光分光光度计上于激发波长 350 nm、荧光波长 430 nm 测定其荧光强度。

4.结果分析

(1)分析结果的表述

样品中维生素 C 的含量按式(4－3)计算。

$$\omega = \frac{A - A'}{S - S'} \times c_0 \times \frac{V}{m} \times \frac{100}{1\,000} \qquad (4-3)$$

式中:

ω——每 100 mg 样品维生素 C 含量,mg;

A——样品荧光强度;

A'——样品空白荧光强度;

S——维生素 C 标准溶液荧光强度;

S'——维生素 C 标准溶液空白荧光强度;

c_0——维生素 C 标准溶液浓度,μg/mL;

V——样品制备时的定容体积,mL;

m——样品质量,g。

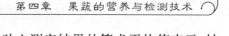

计算结果以重复性条件下获得的两次独立测定结果的算术平均值表示,结果保留小数点后3位。

(2)精密度

在重复性条件下获得的两次独立测定结果的绝对差值不得超过算术平均值的10%。

5.注意事项

本方法适用于果蔬中总维生素 C 含量的测定,且整个实验过程应避光,同时该法受仪器条件的限制。

6.思考题

分析用荧光比色法测定果蔬中维生素 C 含量的优缺点。

第四节 果蔬中叶绿素铜钠含量的测定

一、能力素养

1.熟练掌握果蔬中叶绿素铜钠含量测定的方法。

2.掌握 GB 5009.260—2016 测定果蔬中叶绿素铜钠含量的基本操作技能。

二、知识素养

叶绿素铜钠是具有特殊气味的墨绿色粉末,易溶于水和乙醇,水溶液为透明的翠绿色(随浓度增高而加深),耐光,耐热,稳定性较好。

叶绿素铜钠是以叶绿素铜钠盐为原料精加工而成的。叶绿素铜钠盐是将提取的叶绿素,经过皂化等反应并精制而成的。叶绿素铜钠极易被人体吸收,而且有促进机体细胞新陈代谢的功效,也可促进胃肠溃疡面的愈合以及肝功能的恢复。

三、分光光度法

1. 分析原理

样品中的叶绿素铜钠在酸性条件下经聚酰胺粉吸附、解吸液洗脱、分光光度计测定、标准曲线法定量。

2. 试剂及仪器

(1)氢氧化钠溶液(4 mol/L):称取 16 g 氢氧化钠,用水溶解并定容至 100 mL。

(2)氢氧化钠溶液(0.1 mol/L):称取 0.4 g 氢氧化钠,用水溶解并定容至 100 mL。

(3)乙酸铵溶液(0.2 mol/L):称取 7.708 g 乙酸铵,用水溶解并定容至 500 mL。

(4)解吸液:0.1 mol/L 氢氧化钠溶液: 甲醇 = 1:10。

(5)叶绿素铜钠标准溶液:精确称取经 105 ± 1 ℃ 干燥至恒重并按其纯度折算为 100% 质量的叶绿素铜钠标准品(≥99%)0.05 g。用水溶解并定容至 100 mL棕色容量瓶中,此溶液浓度为 500 μg/mL,随用随配,避光保存。

(6)聚酰胺粉:粒径 0.15 ~ 0.18 mm。

(7)其他:乙酸铵、甲醇、乙酸均为分析纯。

(8)仪器和设备:感量为 1 mg 和 0.1 mg 的分析天平、紫外 – 可见分光光度计(设置波长 405 nm,1 cm 比色皿)、G3 砂芯漏斗、抽滤装置(含真空泵、抽滤瓶)、恒温干燥箱、小型样品粉碎机以及研钵等。

3. 分析步骤

(1)标准曲线

①标准工作溶液

准确移取 500 μg/mL 叶绿素铜钠标准溶液 10 mL 至 100 mL 烧杯中,加入 0.2 mol/L 乙酸铵溶液 30 mL,用 4 mol/L 氢氧化钠溶液和乙酸调 pH = 5 ~ 6。

加入 3 g 聚酰胺粉,充分搅拌 2 min,避光静置 5 min,用约 20 mL 蒸馏水转移至 G3 砂芯漏斗中抽滤,弃去滤液。用 75 mL 解吸液分 3 次解吸色素:每次倒入约 25 mL 解吸液,浸泡 2 min,再振摇 2 min,抽滤并用 20 mL 解吸液洗净抽滤瓶中残液。收集滤液,用解吸液定容至 100 mL,配制成浓度为 50 μg/mL 的标准工作溶液,此溶液临用时配制。

②标准曲线的制作

分别取标准工作溶液 0 mL、5 mL、10 mL、20 mL、30 mL、40 mL、50 mL 至 100 mL 容量瓶中,用解吸液稀释至刻度,配制成浓度为 0 μg/mL、2.5 μg/mL、5 μg/mL、10 μg/mL、15 μg/mL、20 μg/mL、25 μg/mL 的标准系列。以 0 μg/mL 溶液为空白,测定其吸光度。以浓度为横坐标,以吸光值为纵坐标绘制标准曲线。

(2)样品预处理

取有代表性的样品置于组织捣碎机中充分捣碎,准确称取 1~10 g(精确至 0.001 g)混匀浆液至 100 mL 烧杯中。

(3)测定

向含有被测样品粉末或浆液的 100 mL 烧杯中加入 0.2 mol/L 的乙酸铵溶液 30 mL,溶解并混匀样品溶液,用 4 mol/L 氢氧化钠溶液和乙酸调 pH = 5~6。加入 3 g 聚酰胺粉,充分搅拌 2 min。将样品溶液用 60±2 ℃蒸馏水约 20 mL 转移至 G3 砂芯漏斗中抽滤,弃去滤液。再用 75 mL 解吸液分 3 次解吸色素,抽滤并用 20 mL 解吸液洗净抽滤瓶中残液,收集滤液,用解吸液定容至 100 mL。

取经过上述处理的样品溶液,以标准曲线的 0 μg/mL 为空白,测定其吸光度,根据标准曲线获得样品溶液中叶绿素铜钠的浓度。

4. 结果分析

(1)分析结果的表述

样品中叶绿素铜钠含量按式(4-4)计算。

$$X = \frac{c \times V}{m(\text{或 } V_1) \times 1\,000} \qquad (4-4)$$

式中:

X——样品中叶绿素铜钠的含量,g/kg 或 g/L;

c——从标准曲线上查得的叶绿素铜钠的浓度,μg/mL;

V——样品定容体积,mL;

m(或 V_1)——称取样品量,g(或 mL)。

计算结果以重复性条件下获得的两次独立测定结果的算术平均值表示,结果保留小数点后 3 位。

(2)精密度

在重复性条件下获得的两次独立测定结果的绝对差值不得超过算术平均值的 10%。

第五节　果蔬中亚硝酸盐含量的测定

一、能力素养

1. 掌握亚硝酸盐测定的原理和意义。

2. 掌握亚硝酸盐测定的方法。

3. 掌握 GB 5009.33—2016 食品中亚硝酸盐和硝酸盐含量的测定方法。

二、知识素养

硝酸盐和亚硝酸盐广泛存在于人类环境中,是自然界中最普遍的含氮化合物。人体内硝酸盐在微生物的作用下可还原为亚硝酸盐和 N – 亚硝基化合物的前体物质。

三、离子色谱法

1. 分析原理

样品除去蛋白质和脂肪后,采用相应的方法提取和净化,以氢氧化钾溶液为淋洗液,分离用阴离子交换柱,检测使用电导检测器或紫外检测器,以保留时间定性,外标法定量。

2. 试剂及仪器

（1）乙酸溶液（3%）：量取乙酸 3 mL 于 100 mL 容量瓶中,以水稀释至刻度,混匀。

（2）氢氧化钾溶液（1 mol/L）：称取 6 g 氢氧化钾,加入新煮沸过的冷水溶解,并稀释至 100 mL,混匀。

（3）亚硝酸钠（$NaNO_2$）：标准试剂。

（4）硝酸钠（$NaNO_3$）：标准试剂。

（5）仪器和设备。

①离子色谱仪:配电导检测器及抑制器或紫外检测器,高容量阴离子交换柱,50 μL 定量环。

②离心机:转速≥10 000 r/min,配 50 mL 离心管。

③感量为 1 mg 和 0.1 mg 的分析天平、万能粉碎机、超声波清洗机、0.22 μm 水性滤膜针头滤器以及注射器等。

3. 分析步骤

（1）样品预处理

用自来水将新鲜蔬菜、水果样品洗净后,用水冲洗,晾干,将可食部分切碎混匀。将切碎的样品用四分法取适量,用万能粉碎机制成匀浆,备用。如需加水应记录加水量。

（2）样品提取

称取样品 5 g（精确至 0.001 g,可适当调整样品的取样量,以下相同）,置于 150 mL 具塞锥形瓶中,加入 80 mL 水、1 mL 1 mol/L 氢氧化钾溶液,超声提取 30 min,每隔 5 min 振摇 1 次,保持固相完全分散。于 75 ℃ 水浴中放置 5 min,取出放至室温,定量转移至 100 mL 容量瓶中,加水稀释至刻度,混匀。溶液经滤纸过滤后,取部分溶液于 10 000 r/min 离心 15 min,上清液备用。

(3) 上样前预处理

取约 15 mL 上述上清液，通过 0.22 μm 水性滤膜针头滤器和 C_{18} 柱，弃去前面 3 mL（如果氯离子浓度大于 100 mg/L，则需要依次通过针头滤器、C_{18} 柱、Ag 柱和 Na 柱，弃去前面 7 mL），收集后面洗脱液待测。

固相萃取柱使用前需进行活化，C_{18} 柱（1 mL）、Ag 柱（1 mL）和 Na 柱（1 mL）活化过程为：C_{18} 柱（1 mL）使用前依次用 10 mL 甲醇、15 mL 水通过，静置活化 30 min。Ag 柱（1 mL）和 Na 柱（1 mL）用 10 mL 水通过，静置活化 30 min。

(4) 色谱柱

氢氧化物选择性，可兼容梯度洗脱的二乙烯基苯 – 乙基苯乙烯共聚物基质，烷醇基季铵盐功能团的高容量阴离子交换柱，4 mm × 250 mm（带保护柱 4 mm × 50 mm），或性能相当的离子色谱柱。

①淋洗液

浓度为 6 ~ 70 mmol/L 氢氧化钾溶液为淋洗液；洗脱梯度为 6 mmol/L，30 min；70 mmol/L，5 min；6 mmol/L，5 min；流速采用 1 mL/min。

②检测器

电导检测器，检测池温度为 35 ℃；紫外检测器，检测波长为 226 nm。

③进样要求

50 μL（可根据样品中被测离子含量进行调整）。

(5) 测定

①标准曲线的绘制

将标准系列工作液分别注入离子色谱仪中，得到各浓度标准工作液色谱图。测定相应的峰高（μS）或峰面积，以标准工作液的浓度为横坐标，以峰高（μS）或峰面积为纵坐标，绘制亚硝酸盐和硝酸盐标准色谱标准曲线，示例可见图 4 – 1。

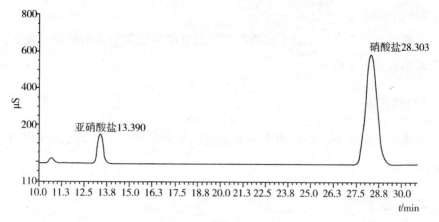

图 4 - 1　亚硝酸盐和硝酸盐标准离子色谱图

②样品测定

将空白和样品溶液注入离子色谱仪中得到空白和样品溶液的峰高（μS）或峰面积,根据标准曲线得到样品溶液中亚硝酸根离子或硝酸根离子的浓度。

4. 结果分析

(1)分析结果表述

样品中亚硝酸根离子或硝酸根离子的含量按式(4-5)计算。

$$\omega = \frac{(c - c_0) \times V \times f \times 1\,000}{m \times 1\,000} \tag{4-5}$$

式中:

ω——样品中亚硝酸根离子或硝酸根离子的含量,mg/kg;

c——测定用样品溶液中的亚硝酸根离子或硝酸根离子浓度,mg/L;

c_0——试剂空白中亚硝酸根离子或硝酸根离子的浓度,mg/L;

V——样品溶液体积,mL;

f——样品溶液稀释倍数;

1 000——换算系数;

m——样品取样量,g。

样品中测得的亚硝酸根离子含量乘以换算系数1.5,即得亚硝酸盐(按亚硝酸钠计)含量;样品中测得的硝酸根离子含量乘以换算系数1.37,即得硝酸盐

(按硝酸钠计)含量。

计算结果以重复性条件下获得的两次独立测定结果的算术平均值表示,结果保留小数点后2位。

(2)精密度

在重复性条件下获得的两次独立测定结果的绝对差值不得超过算术平均值的10%。

5.注意事项

此法中亚硝酸盐和硝酸盐检出限分别为0.2 mg/kg和0.4 mg/kg。

第六节 果蔬中多酚类物质含量的测定

一、能力素养

1.了解果蔬中多酚类物质测定的原理。
2.掌握果蔬中多酚类物质测定的方法。

二、知识素养

多酚类物质是指植物中一类化学元素的统称,因分子结构中具有多个酚基团而得名。多酚类物质包括黄酮类、单宁类、酚酸类以及花色苷类等,该类物质具有潜在的促进健康的作用。多酚类物质具有很强的抗氧化作用。

三、果蔬中多酚类物质含量的测定

1.分析原理

多酚类物质是果蔬中重要的次生代谢物质,与果蔬品质密切相关。多酚类物质被认为是植物抗病的重要物质,它不仅具有抗氧化能力,可清除体内的过

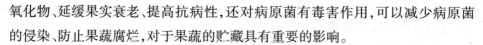

氧化物、延缓果实衰老、提高抗病性,还对病原菌有毒害作用,可以减少病原菌的侵染、防止果蔬腐烂,对于果蔬的贮藏具有重要的影响。

碱性条件下,多酚类物质中的—OH 能将福林试剂(FC 试剂)中的钨钼酸还原,使 W^{6+} 变为 W^{5+},生成蓝色络合物,颜色的深浅与多酚类物质含量为正相关,用没食子酸绘制标准曲线可定量测定果蔬中的多酚类物质含量。

2. 试剂及仪器

(1)FC 试剂

在 250 mL 的圆底烧瓶内加入钨酸钠 20 g、钼酸钠 5 g、蒸馏水 140 mL、85% 浓磷酸 10 mL 及浓盐酸 20 mL,充分混匀,小火回流 10 h,再加入 3 g 硫酸锂和 15 mL 过氧化氢,开口继续煮沸 15 min,待过氧化氢完全挥发,呈亮黄色。冷却后移入 250 mL 容量瓶中,定容后置于棕色试剂瓶中,放入冰箱中备用。

(2)20% 碳酸钠

用无水碳酸钠配制,冬季气温低时会析出碳酸钠结晶,可在温水浴上加热溶解后使用。

(3)仪器和设备

感量为 1 mg 和 0.1 mg 的分析天平、紫外 – 可见分光光度计、水浴锅、循环水式真空泵、旋转蒸发仪等。

3. 分析步骤

(1)粗提液的制备

称取 2 g 果蔬样品,加少量 30% 乙醇溶液研磨成匀浆,倒入 100 mL 锥形瓶中,30% 乙醇做提取剂,在料液比 1 : 20 (g: mL)、60 ℃ 的条件下水浴回流提取 1 h,趁热过滤、洗涤、收集滤液,滤液 40 ℃ 旋转真空浓缩,浓缩液加水定容至 50 mL,得到果蔬多酚类物质粗提液。

(2)标准曲线的绘制

精密称取没食子酸标准品 10 mg(相对分子质量 188.14),用蒸馏水溶解并定容至 100 mL,即为 0.1 mg/mL 的标准液。准确吸取 0 mL、0.4 mL、0.6 mL、0.8 mL、1 mL、1.2 mL、1.4 mL、1.6 mL 置于 25 mL 的棕色容量瓶中,加蒸馏水至 6 mL,然后分别加入 FC 试剂 0.5 mL,混匀,在 0.5~8 min 内加入 1.5 mL 20%碳酸钠溶液,充分混合后定容,30 ℃避光放置 0.5 h,以不加标准液的 6 mL 蒸馏水为空白对照,760 nm 下测定吸光度,每个样品平行测定 3 次。以没食子酸在反应体系中的质量为横坐标、吸光度为纵坐标,绘制标准曲线。

(3)测定

准确量取制备好的粗提液 0.5 mL 于 50 mL 容量瓶中,加入蒸馏水 9.5 mL,摇匀,再加入 FC 试剂 0.5 mL,混匀,在 0.5~8 min 内加入 20%碳酸钠溶液 1.5 mL,充分混合后定容,30 ℃避光放置 0.5 h,以没食子酸标准液为空白对照,760 nm 下测定吸光度,每个样品平行测定 3 次。

4.结果分析

(1)分析结果的表述

每克果蔬样品鲜重中的多酚类物质含量按式(4-6)计算(以没食子酸的相应值表示)。

$$\omega = \frac{m_1 \times V_\text{T}}{m \times V_\text{S}} \qquad (4-6)$$

式中:

ω——每 100 g 样品中多酚类物质的含量,mg;

m_1——测定液中没食子酸含量,mg;

V_T——提取液总体积,mL;

V_S——测定液体积,mL;

m——果蔬样品质量,g。

计算结果以重复性条件下获得的两次独立测定结果的算术平均值表示,结果保留小数点后 3 位。

（2）精密度

在重复性条件下获得的两次独立测定结果的绝对差值不得超过算术平均值的10%。

5. 注意事项

①果蔬中的多酚类物质很容易被还原,使测定结果不精确。

②果蔬中多酚类物质的成分复杂,仅以没食子酸为对照品无法测定出全部的多酚类物质,测定结果只是水解多酚的含量。

6. 思考题

①除了可用没食子酸溶液作为多酚类物质的标准物质外,还可用哪些物质作为多酚类物质的标准物质? 更换标准物质后,线性回归方程是否一样?

②除此法之外,还有哪些方法可以测定多酚类物质的含量,与本法相比,其有何优缺点?

第七节　果蔬中黄酮类物质含量的测定

一、能力素养

1. 了解果蔬中黄酮类物质测定的原理。

2. 掌握果蔬中黄酮类物质测定的方法。

二、知识素养

黄酮类物质是一类存在于自然界、具有2 - 苯基色原酮结构的化合物,分子中有一个酮式羰基,第一位上的氧原子具有碱性,与强酸能形成盐,其羟基衍生物多具黄色,故又称黄碱素或黄酮。在植物体中,黄酮类物质通常与糖结合成苷类,小部分以游离态(苷元)的形式存在。黄酮类物质存在于绝大多数植物体内,它在植物的生长、发育、开花、结果以及抗菌防病等方面起着重要的作用。

很多种类的黄酮类物质具有止咳、祛痰、平喘及抗菌的活性,还具有护肝、抗真菌、抗自由基和抗氧化作用。除此之外,黄酮类化合物还具有与植物雌激素相近的功效。在畜牧业中,黄酮类物质能显著提高动物生产性能,提高动物机体抗病力,改善动物机体免疫机能。

三、分光光度法

1. 分析原理

利用黄酮类物质溶于甲醇不溶于乙醚的特性,先用乙醚除去样品中的脂溶性杂质,再用甲醇做提取剂浸提样品中黄酮类物质。黄酮类物质与铝离子可生成有色络合物。该物质在 500 nm 波长下有强的光吸收,吸收强度与络合物浓度成正比。实验中总黄酮类物质的标准物质选用维生素 P 或芦丁。

2. 试剂及仪器

(1)亚硝酸钠溶液:50 g/L,现用现配。

(2)硝酸铝溶液:100 g/L。

(3)氢氧化钠溶液:40 g/L。

(4)维生素 P:标准试剂。

(5)芦丁标准溶液(0.2 mg/L):称取减压下干燥至恒重的芦丁标准样品 200 mg,置于 100 mL 容量瓶中,加 70 mL 甲醇于水浴中微热使其溶解,放冷,加甲醇稀释至刻度,摇匀。吸取 10 mL,于 100 mL 容量瓶中,加甲醇稀释至刻度,摇匀。

(6)仪器和设备:感量为 1 mg 和 0.1 mg 的分析天平、紫外 – 可见分光光度计、索氏提取器、电子天平、真空干燥箱、水浴锅等。

3. 分析步骤

(1)样品的制备

新鲜果蔬样品在 45 ℃、0.06 MPa 下干燥至恒量,粉碎机粉碎。准确称取干燥粉末 1~2 g,置于索氏提取器中,加入 60 mL 乙醚,45 ℃回流至样品无色,冷

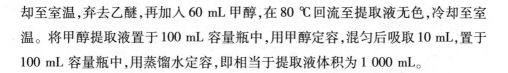

却至室温,弃去乙醚,再加入 60 mL 甲醇,在 80 ℃回流至提取液无色,冷却至室温。将甲醇提取液置于 100 mL 容量瓶中,用甲醇定容,混匀后吸取 10 mL,置于 100 mL 容量瓶中,用蒸馏水定容,即相当于提取液体积为 1 000 mL。

(2)标准曲线的制备

①维生素 P 标准试剂法

准确称取 120 ℃、0.06 MPa 条件下干燥至恒量的维生素 P 200 mg,置于 100 mL容量瓶中,加入少许甲醇,在通风柜中略加热溶解,冷却后用甲醇定容、混匀。取 10 mL 此溶液置于 100 mL 容量瓶中,用蒸馏水定容、混匀。

取上述水稀释液 0 mL、1 mL、2 mL、3 mL、4 mL、5 mL、6 mL 分别置于 25 mL 容量瓶中。分别加入 50 g/L 亚硝酸钠溶液 1 mL,混匀后于室温下静置 6 min,再各加入 100 g/L 硝酸铝溶液 1 mL,混匀后于室温下静置 6 min,再各加入 40 g/L氢氧化钠溶液 10 mL,用蒸馏水定容,静置 15 min。

以第一瓶为空白,在 500 nm 处测定吸光度,以质量浓度(mg/mL)为横坐标、吸光度为纵坐标,制作标准曲线。

②芦丁标准试剂法

吸取芦丁标准溶液 0 mL、1 mL、2 mL、4 mL、6 mL、7 mL 于 25 mL 刻度管中,用甲醇补充至 10 mL,加入 50 g/L 亚硝酸钠溶液 1 mL,混匀,放置 6 min;加入 100 g/L 硝酸铝溶液 1 mL,摇匀,放置 6 min;再加入 40 g/L 氢氧化钠溶液 8 mL,用甲醇定容至刻度,摇匀,放置 15 min 后,以第一管溶液做空白,在 510 nm 波长处测定吸光度,以吸光度为纵坐标、芦丁质量为横坐标,制作标准曲线。

(3)测定

①维生素 P 标准试剂法

依本法规程取样液 3 mL 于 25 mL 容量瓶中,以下步骤与本法标准曲线制作相同。重复 3 次。

②芦丁标准试剂法

依本法规程吸取样液 1 mL 于 25 mL 刻度管中,作为测定液,按标准曲线的操作步骤进行测定。重复 3 次。

4. 结果分析

(1) 维生素 P 标准试剂法

样品中黄酮类物质的含量按式(4-7)计算。

$$\frac{c \times 100 \times \frac{100}{10} \times \frac{25}{3}}{m \times 1\,000} \times 100\% \qquad (4-7)$$

式中：

c——从标准曲线上获得的与样品吸光度对应的黄酮类物质含量，g/mL；

m——样品质量，g。

(2) 芦丁标准试剂法

样品中黄酮类物质的含量按式(4-8)计算。

$$\omega = \frac{m_1 \times V_T}{m \times V_S} \times 100 \qquad (4-8)$$

式中：

ω——每 100 g 样品中黄酮类物质的含量(以芦丁计)，mg；

m_1——测定液中黄酮类物质含量，mg；

V_T——提取液总体积，mL；

V_S——测定液体积，mL；

m——鲜样品质量，g。

计算结果以重复性条件下获得的两次独立测定结果的算术平均值表示，结果保留小数点后 3 位。

(2) 精密度

在重复性条件下获得的两次独立测定结果的绝对差值不得超过算术平均值的 10%。

5. 注意事项

①黄酮类物质对光敏感，故在所有操作过程中应尽量避光。

②本实验测定的黄酮类物质是混合成分,还需利用其他化学手段将其进行分离和鉴定,从而明确其中主要的组成物质。

第八节 果蔬中胡萝卜素的测定

一、能力素养

1. 掌握胡萝卜素预处理的方法。
2. 掌握高效液相色谱法测定胡萝卜素的方法。
3. 掌握纸层析法测定胡萝卜素的方法。
4. 熟悉 GB 5009.83—2016 食品中胡萝卜素的测定方法。
5. 了解胡萝卜素测定的意义。

二、知识素养

胡萝卜素是人体重要的营养元素,它是维生素 A 的前体,是保健食品的重要成分。胡萝卜素化学结构的中央有相同的多烯链,根据存在于其两端的芷香酮环或基团的种类分为 α、β、γ、δ、ε 等。β – 胡萝卜素在胡萝卜素中分布最广、含量最多,不溶于水和醇,溶于苯、三氯甲烷、二硫化碳等,在众多异构体中最具有维生素 A 生物活性,在绿叶中与叶绿素共同存在,在三氯甲烷中的最大吸收量为 497 ~ 466 nm。α – 胡萝卜素一般与 β – 胡萝卜素共同存在,含量一般较少,在三氯甲烷中的最大吸收量为 485 ~ 454 nm。γ – 胡萝卜素在生物体内的分布有限。

三、高效液相色谱法

1. 分析原理

样品经皂化使胡萝卜素释放为游离态,用石油醚萃取二氯甲烷定容后,采用反相色谱法分离,外标法定量。

2.试剂及仪器

(1)α–淀粉酶:酶活力≥1.5 U/mg。

(2)木瓜蛋白酶:酶活力≥5 U/mg。

(3)氢氧化钾溶液:称取氢氧化钾 500 g,加入 500 mL 水溶解。临用前配制。

(4)α–胡萝卜素:纯度≥95%,标准物质。

(5)500 μg/mL、100 μg/mL α–胡萝卜素标试液:准确称取 α–胡萝卜素 50 mg(精确到 0.1 mg),加入 0.25 g 2,6一二叔丁基–4–甲基苯酚,用二氯甲烷溶解,转移至 100 mL 棕色容量瓶中定容至刻度。于–20 ℃以下避光储存(不超过 3 个月)。使用前以分光光度法进行标定。标定后将 500 μg/mL 溶液移取 10 mL 于 50 mL 棕色容量瓶中,用二氯甲烷定容至刻度得 100 μg/mL α–胡萝卜素标试液。

(6)β–胡萝卜素:纯度≥95%,标准物质。

(7)500 μg/mL、100 μg/mL β–胡萝卜素标试液:准确称取 β–胡萝卜素 50 mg(精确到 0.1 mg),依上法配制可得。

(8)α–胡萝卜素、β–胡萝卜素混合标准工作液(色谱条件一适用):准确吸取 100 μg/mL α–胡萝卜素标试液 0.5 mL、1 mL、2 mL、3 mL、4 mL、10 mL 溶液至 6 个 100 mL 棕色容量瓶,分别加入 100 μg/mL β–胡萝卜素 3 mL,用二氯甲烷定容至刻度,得到 α–胡萝卜素浓度分别为 0.5 μg/mL、1 μg/mL、2 μg/mL、3 μg/mL、4 μg/mL、10 μg/mL,β–胡萝卜素浓度均为 3 μg/mL 的混合标准工作液。

(9)β–胡萝卜素标准工作液(色谱条件二适用):准确吸取 100 μg/mL β–胡萝卜素标试液 0.5 mL、1 mL、2 mL、3 mL、4 mL、10 mL 溶液至 6 个 100 mL 棕色容量瓶,用二氯甲烷定容至刻度,分别得到浓度 0.5 μg/mL、1 μg/mL、2 μg/mL、3 μg/mL、4 μg/mL、10 μg/mL β–胡萝卜素溶液。

(10)其他:甲基叔丁基醚、乙腈、二氯甲烷、甲醇、正己烷(以上均为色谱纯)、无水硫酸铵、石油醚(沸程 30~60 ℃)、乙醚(不含过氧化物)、维生素 C、无水乙醇、2,6–二叔丁基–4–甲基苯酚(以上均为分析纯)。

（11）仪器和设备。

①感量为 1 mg 和 0.1 mg 的分析天平、高速粉碎机、恒温振荡水浴锅、旋转蒸发仪、氮吹仪等。

②紫外－可见分光光度计。

③高效液相色谱仪：紫外检测器或二极管阵列检测器。

3. 分析步骤

（1）样品的制备

蔬菜、水果等样品用匀质器混匀。4 ℃下可保存 1 周。

（2）常规样品预处理

①预处理

蔬菜、水果等普通食品准确称取混合均匀的样品 1～5 g（精确至0.001 g），油类样品准确称取 0.2～2 g（精确至 0.001 g），转至 250 mL 锥形瓶中，加入 1 g 维生素 C、75 mL 无水乙醇，于 60 ± 1 ℃水浴振荡 30 min。

②皂化

加入 25 mL 氢氧化钾溶液，盖上瓶塞。置于 53 ± 2 ℃恒温振荡水浴锅中，皂化 30 min。取出，静置，冷却到室温。

（3）样品预处理

①预处理

固体样品：准确称取 1～5 g（精确至 0.001 g），置于 250 mL 锥形瓶中，加入 1 g 维生素 C，加 50 mL 45～50 ℃温水混匀。加入 0.5 g 木瓜蛋白酶和 0.5 g α－淀粉酶（无淀粉样品可以不加 α－淀粉酶），盖上瓶塞，置于 55 ± 1 ℃恒温振荡水浴锅内振荡或超声处理 30 min。

液体样品：准确称取 5～10 g（精确至 0.001 g），置于 250 mL 锥形瓶中，加入 1 g 维生素 C。

②皂化

取预处理后样品，加入 75 mL 无水乙醇，摇匀，再加入 25 mL 氢氧化钾溶液,盖上瓶塞。置于53±2℃恒温振荡水浴锅中皂化30 min。取出,静置,冷却到室温。

(4)样品萃取

将皂化液转入500 mL分液漏斗中,加入100 mL石油醚,轻轻摇动,排气,盖好瓶塞,室温下振荡10 min后静置分层,将水相转入另一分液漏斗中按上述方法进行第二次提取。合并有机相,用水洗至近中性。弃水相,有机相通过无水硫酸钠过滤脱水。滤液收入500 mL蒸发瓶中,于旋转蒸发仪上40℃减压浓缩,近干。用氮气吹干,用移液管准确加入5 mL二氯甲烷,盖上瓶塞,充分溶解提取物。经0.45 μm滤膜过滤后,弃初始约1 mL滤液后收集至进样瓶中,备用。

(5)测定

①色谱条件一

A.本法适用于食品中 α - 胡萝卜素、β - 胡萝卜素及总胡萝卜素的测定。

B.色谱柱:C_{30}柱,柱长150 mm,内径4.6 mm,粒径5 μm,或等效柱。

C.流动相:A相为甲醇:乙腈:水 =73.5:24.5:2;B相为甲基叔丁基醚。梯度程度见表4-2。

表4-2 梯度程序表

时间/min	A/%	B/%
0	100	0
15	59	41
18	20	80
19	20	80
20	0	100
22	100	0

D.其他条件:流速1 mL/min,检测波长450 nm,柱温30±1℃,进样体积20 μL。

②α-胡萝卜素标准曲线绘制、全反式β-胡萝卜素响应因子计算

将α-胡萝卜素、β-胡萝卜素混合标准工作液注入高效液相色谱仪中,以保留时间定性,测定α-胡萝卜素、β-胡萝卜素各异构体峰面积。

α-胡萝卜素根据系列标准工作液浓度及峰面积,以浓度为横坐标、峰面积为纵坐标绘制标准曲线,计算回归方程。

β-胡萝卜素根据标准工作液标定浓度、全反式β-胡萝卜素6次测定峰面积平均值、全反式β-胡萝卜素色谱纯度,按式(4-9)计算全反式β-胡萝卜素响应因子。

$$RF = \frac{\bar{A}_{all-E}}{c \times CP} \qquad (4-9)$$

式中:

RF——全反式β-胡萝卜素响应因子,AU·mL/μg;

$\bar{A}_{all-E}$——全反式β-胡萝卜素标准工作液色谱峰峰面积平均值,AU;

c——β-胡萝卜素标准工作液标定浓度,μg/mL;

CP——全反式β-胡萝卜素的色谱纯度,%。

③样品测定

在相同色谱条件下,将待测液注入高效液相色谱仪中,以保留时间定性,根据峰面积采用外标法定量。α-胡萝卜素含量根据标准曲线回归方程计算,β-胡萝卜素含量根据全反式β-胡萝卜素响应因子计算。

④色谱条件二

A.本法适用于食品中β-胡萝卜素及总胡萝卜素的测定。

B.色谱柱:C$_{18}$柱,柱长250 mm,内径4.6 mm,粒径5 μm,或等效柱。

C.流动相:三氯甲烷:乙腈:甲醇=3:12:85,含维生素 C 0.4 g/L,经0.45 μm 滤膜过滤后备用。

D.其他条件:流速2 mL/min,检测波长450 nm,柱温30±1 ℃,进样体积20 μL。

⑤标准曲线的制作

将β-胡萝卜素标准工作液注入高效液相色谱仪中,以保留时间定性,测定峰面积。以系列标准工作液浓度为横坐标、峰面积为纵坐标绘制标准曲线,计算回归方程。

⑥样品测定

在相同色谱条件下,将待测液分别注入高效液相色谱仪中,进行高效液相色谱分析,以保留时间定性,根据峰面积外标法定量,根据标准曲线回归方程计算待测液中 β – 胡萝卜素的浓度。

4. 结果分析

(1) 色谱条件一

样品中 α – 胡萝卜素含量按式(4 – 10)计算。

$$\omega_\alpha = \frac{c_\alpha \times V \times 100}{m} \tag{4 – 10}$$

式中:

ω_α ——每 100 g 样品中 α – 胡萝卜素的含量,μg;

c_α ——由标准曲线得到的待测液中 α – 胡萝卜素浓度,$\mu g/mL$;

V ——待测液定容体积,mL;

100——将结果表示为微克(μg)的系数;

m ——样品质量,g。

样品中 β – 胡萝卜素含量按式(4 – 11)计算。

$$\omega_\beta = \frac{(A_{all-E} + A_{9Z} + A_{13Z} \times 1.2 + A_{15Z} \times 1.4 + A_{xZ}) \times V \times 100}{RF \times m}$$

$$\tag{4 – 11}$$

式中:

ω_β ——每 100 g 样品中 β – 胡萝卜素的含量,μg;

A_{all-E} ——样品待测液中全反式 β – 胡萝卜素峰面积,AU;

A_{9Z} ——样品待测液中 9 – 顺式 – β – 胡萝卜素的峰面积,AU;

A_{13Z} ——样品待测液中 13 – 顺式 – β – 胡萝卜素的峰面积,AU;

1.2——13 – 顺式 – β – 胡萝卜素的相对校正因子;

A_{15Z} ——样品待测液中 15 – 顺式 – β – 胡萝卜素的峰面积,AU;

1.4——15 – 顺式 – β – 胡萝卜素的相对校正因子;

A_{xZ} ——样品待测液中其他顺式 – β – 胡萝卜素的峰面积,AU;

V ——待测液定容体积,mL;

100——将结果表示为微克(mg)的系数;

RF——全反式β-胡萝卜素响应因子,AU·mL/μg;

m——样品质量,g。

样品中总胡萝卜素含量按式(4-12)计算。

$$\omega_{总} = \omega_{\alpha} + \omega_{\beta} \qquad (4-12)$$

式中:

$\omega_{总}$——每100 g样品中总胡萝卜素的含量,μg;

ω_{α}——每100 g样品中α-胡萝卜素的含量,μg;

ω_{β}——每100 g样品中β-胡萝卜素的含量,μg。

计算结果以重复性条件下获得的两次独立测定结果的算术平均值表示,结果保留小数点后3位。

(2) 色谱条件二

样品中β-胡萝卜素含量按式(4-13)计算。

$$\omega_{\beta} = \frac{c_{\beta} \times V \times 100}{m} \qquad (4-13)$$

式中:

ω_{β}——每100 g样品中β-胡萝卜素的含量,μg;

c_{β}——由标准曲线得到的待测液中β-胡萝卜素的浓度,μg/mL;

V——待测液定容体积,mL;

100——将结果表示为微克(mg)的系数;

m——样品质量,g。

计算结果以重复性条件下获得的两次独立测定结果的算术平均值表示,结果保留小数点后3位。

(3) 精密度

在重复性条件下获得的两次独立测定结果的绝对差值不得超过算术平均值的10%。

5. 注意事项

(1)整个实验操作过程应注意避光。

（2）如皂化不完全可适当延长皂化时间至 1 h。

（3）必要时可根据待测液中胡萝卜素含量水平进行浓缩或稀释,使待测液中 α - 胡萝卜素或 β - 胡萝卜素浓度在 0.5 ~ 10 $\mu g/mL$ 范围内。

（4）色谱条件二适用于 α - 胡萝卜素含量较低(小于总胡萝卜素 10%)的食品样品中 β - 胡萝卜素的测定。

（5）样品称样量为 5 g 时, α - 胡萝卜素、β - 胡萝卜素检出限均为每 100 g 样品中 0.5 μg,定量限均为每 100 g 样品中 1.5 μg。

第九节　果蔬原料中单宁含量的测定

一、能力素养

1. 掌握 NY/T 1600—2008、GB/T 15686—2008 对单宁含量的分析方法。

2. 掌握单宁的化学分析方法,进一步熟悉络合滴定、氧化还原滴定操作方法。

3. 通过测定,了解典型食品中风味物质单宁的含量水平。

4. 了解单宁含量测定的意义。

二、知识素养

单宁是一种重要的次级代谢产物,是除木质素以外含量最多的一类植物酚类物质,溶于水,分子质量在 500 ~ 3 000 D 之间。按化学结构的不同,单宁可分为水解单宁和缩合单宁,水解单宁是酚酸或其衍生物与葡萄糖或多元醇通过酯键形成的多酚,在稀酸和稀碱作用下可水解成较简单化合物,即没食子酸单宁(水解后可生成没食子酸)和逆没食子酸单宁(水解后有逆没食子酸生成)。

单宁具有自由基清除能力和蛋白质结合能力,这些作用主要取决于其化学结构特征,特别是分子质量的大小即聚合度。单宁对多种细菌和真菌具有显著的抑制效果,适宜的抑菌浓度下,对人体细胞的生长发育不会产生影响。单宁还具有一定的抗氧化性,能有效抵御生物氧化作用,在化妆品中加入单宁能有效抑菌和防腐。

三、没食子酸分光光度法

1. 分析原理

以没食子酸为主的单宁类化合物在碱性溶液中能将钨钾酸还原成蓝色化合物,该化合物在 765 nm 处有最大吸收,其吸收度与单宁含量成正比,以没食子酸为标准物质,标准曲线法定量。

2. 试剂及仪器

(1)钨酸钠 – 钼酸钠混合溶液:称取钨酸钠 50 g、钼酸钠 12.5 g,用 350 mL 水溶解到 1 000 mL 回流瓶中,加入 25 mL 磷酸及 50 mL 盐酸,充分混匀,小火加热回流 2 h,再加入硫酸锂 75 g、蒸馏水 25 mL、溴水数滴,继续沸腾 15 min(至溴水完全挥发为止),冷却后,转入 500 mL 容量瓶定容,过滤,置棕色瓶中保存,使用时稀释 1 倍。原液在室温下可保存半年。

(2)碳酸钠溶液(75 g/L):称取无水碳酸钠 37.5 g 溶于 250 mL 温水中,混匀,冷却,定容至 500 mL,过滤到储液瓶中备用。

(3)没食子酸标准储备液:准确称取一水合没食子酸 0.110 0 g,溶解并定容至 100 mL,此溶液没食子酸质量浓度为 1 000 mg/L。在 2 ~ 3 ℃下可保存 5 天。

(4)没食子酸标准使用液:分别吸取 1 000 mg/L 没食子酸标准储备液 0 mL、1 mL、2 mL、3 mL、4 mL 和 5 mL 至 100 mL 容量瓶中,定容,溶液质量浓度为 0 mg/L、10 mg/L、20 mg/L、30 mg/L、40 mg/L 和 50 mg/L。

(5)仪器和设备:

①紫外 – 可见分光光度计。

②感量为 1 mg 和 0.1 mg 的分析天平、组织捣碎机、电热恒温干燥箱、高速离心机等。

3. 分析步骤

(1)样品制备

取果蔬样品的可食部分,用干净纱布将表面的附着物擦去,采用对角线分割法,取对角部分切碎,充分混匀,按四分法取样,于组织捣碎机中匀浆备用。

(2)单宁的提取

称取匀浆果实 2～5 g,用 80 mL 水洗入 100 mL 容量瓶中,放入沸水浴中提取 30 min,取出,冷却,定容,吸取 2 mL 样品提取液,8 000 r/min 离心 4 min,上清液备用。

(3)标准曲线的绘制

吸取 0 mg/L、10 mg/L、20 mg/L、30 mg/L、40 mg/L、50 mg/L 没食子酸标准使用液各 1 mL,分别加 5 mL 水、1 mL 钨酸钠 - 钼酸钠混合溶液和 3 mL 碳酸钠溶液,混匀,没食子酸标准溶液浓度分别为 0 mg/L、1 mg/L、2 mg/L、3 mg/L、4 mg/L、5 mg/L,显色,放置 2 h,以 0 mg/L 溶液为空白,在 765 nm 波长下测定标准溶液的吸光度,以没食子酸浓度为横坐标、吸光度为纵坐标,绘制标准曲线。

(4)样品测定

吸取 1 mL 样品提取液,分别加入 5 mL 水、1 mL 钨酸钠 - 钼酸钠混合溶液和 3 mL 碳酸钠溶液,显色,放置 2 h 后,以没食子酸标准使用液 0 mg/L 为空白,在 765 nm 波长下测定样品溶液的吸光度,根据标准曲线求出样品溶液的单宁浓度,以没食子酸计。吸光度超过 5 mg/L 没食子酸的吸光度时,将样品提取液稀释后重新测定。

4. 结果分析

(1)分析结果的表述

样品中单宁(以没食子酸计)含量按式(4-14)进行计算。

$$X = \frac{c_1 \times 10 \times A}{m} \qquad (4-14)$$

式中:

X——样品中单宁含量,mg/kg 或 mg/L;

c_1——样品测定液中没食子酸的浓度,mg/L;

10——样品提取液定容体积,mL;

A——样品稀释倍数;

m——样品质量或体积,g 或 mL。

计算结果以重复性条件下获得的两次独立测定结果的算术平均值表示,结果保留小数点后 3 位。

（2）精密度

将没食子酸标准溶液（200～4 000 mg/kg）添加到水果、蔬菜中,进行方法的精密度试验,方法的添加回收率在 80%～120%。在重复性条件下获得的两次独立测定结果的绝对差值不得超过算术平均值的 15%。

四、分光光度法

1. 分析原理

用二甲基甲酰胺溶液提取果蔬中的单宁,经离心后,取上清液加柠檬酸铁铵溶液和氨溶液,显色后,以水为空白对照,用分光光度计于 525 nm 处测定吸光度,用单宁绘制标准曲线测定样品中单宁含量。

2. 试剂及仪器

（1）原料:果蔬及其制品。

（2）标准单宁溶液（2 mg/mL）:准确称取标准单宁 200 mg,溶解后用水稀释至 100 mL,用时现配。

（3）二甲基甲酰胺溶液（75%）:取 75 mL 二甲基甲酰胺于 100 mL 容量瓶中,用水稀释,冷却后加水至刻度。

（4）3.5 g/L 柠檬酸铁铵（铁含量 17%～20%）溶液:因柠檬酸盐的铁含量影响测定结果,应特别注意其含量,使用前 24 h 配制。

（5）其他:8 g/L 氨溶液。

（6）仪器和设备。

①紫外 – 可见分光光度计。

②感量为 1 mg 和 0.1 mg 的分析天平、万能粉碎机、磁力搅拌机、旋涡振荡

器、移液枪以及离心机等。

3.分析步骤

(1)样品的制备

除去样品中的杂质,用万能粉碎机粉碎,过筛,并避光保存(单宁容易氧化,应迅速分析)。

(2)样品的测定

①取样

精确称取样品约 1.000 g,置离心管中。

②测定

取 20 mL 二甲基甲酰胺溶液于装有样品的离心管中,盖好密闭盖并用磁力搅拌器搅拌提取 60 min 后,以 3 000 g 离心机处理 10 min,留上清液备用。

取上清液于试管,分别添加 6 mL 水和 1 mL 氨溶液,然后用振荡器振荡数秒;再取上清液于另一试管,分别添加 5 mL 水和 1 mL 柠檬酸铁铵溶液,振荡混匀。再加 1 mL 氨溶液,再次混匀。待以上两步操作结束 10 min 后,以水为空白对照,分别倒入比色皿于 525 nm 下测定吸光度。

样品的吸光度测定结果为两个吸光度之差。

(3)标准曲线的绘制

分别吸取 0 mL、1 mL、2 mL、3 mL、4 mL、5 mL 单宁溶液,加入二甲基甲酰胺溶液,定容至 20 mL,制备单宁标准系列。

分别吸取上述单宁标准溶液 1 mL 于试管中,分别添加 5 mL 水和 1 mL 柠檬酸铁铵溶液,以旋涡振荡器混合数秒。然后,加 1 mL 氨溶液,再以旋涡振荡器混匀。静置 10 min 后,将溶液置于比色皿,以水为空白对照,于 525 nm 下测定吸光度。

4.结果分析

(1)分析结果的表述

样品中单宁含量以干基中单宁的质量分数(%)表示,按式(4-15)进行计算。

$$\omega = \frac{2c}{m} \times \frac{100}{100 - H} \times 100\% \qquad (4-15)$$

式中:

ω——样品中单宁含量;

c——样品测定液中单宁的含量(由标准曲线获得),mg/mL;

m——样品质量,g;

H——样品的水分含量。

计算结果以重复性条件下获得的两次独立测定结果的算术平均值表示,结果保留小数点后2位。

(2)精密度

在重复性条件下获得的两次独立测定结果的绝对差值不得超过算术平均值的10%。

5.注意事项

二甲基甲酰胺溶液有害健康,应避免吸入或与皮肤接触。

第五章　几种典型肉制品的加工与检测技术

第一节　几种典型肉制品的加工形式

一、原料的基本品质

在自然光线下,观察肉的表面及脂肪的色泽,有无污染附着物,用刀顺肌纤维方向切开,观察断面的颜色。在常温下嗅气味,食指按压肉表面,触感其硬度,观察指压凹陷恢复的情况、表面干湿以及是否发黏。另外,可以称取少量碎肉样(约20 g),放在器皿中加入适量的水,盖上表面皿于电炉上加热至50~60 ℃时,取下表面皿,嗅其气味。然后将肉样煮沸,静置观察肉汤的透明度及表面的脂肪滴情况。这些均可鉴定肉质的新鲜程度。其鉴定评价结果可以参考表5-1和表5-2。当原料评价为非新鲜时,建议不可食用。

表5-1　猪肉卫生鉴别参考

项目	新鲜	非新鲜
色泽	肌肉有光泽,虹色均匀,脂肪洁白	肌肉色稍暗,脂肪缺乏光泽
黏度	外表微干或微湿润,不粘手	外表干燥或粘手
弹性	指压后凹陷立即恢复	指压后凹陷恢复慢、不完全
气味	正常	稍有氨味或酸味
煮沸肉汤	透明、澄清,脂肪团聚于表面,有香味	稍有混浊,脂肪呈小滴状,无鲜味

表5-2　鲜牛肉卫生鉴别参考

项目	新鲜	非新鲜
色泽	肌肉有光泽,红色均匀,脂肪洁白或淡红色	肌肉色稍暗,切面尚有光泽
黏度	外表微干或有风干膜,不粘手	外表干燥或粘手,新切面湿润
弹性	指压凹陷,立即恢复	指压后凹陷恢复慢、不完全
气味	正常	稍有氨味和酸味
煮沸肉汤	透明、澄清,脂肪团聚于表面,有特有的香味	稍有混浊,脂肪呈小滴浮于表面,香味差,无鲜味

　　评价肉质等级的重要指标是鲜肉的大理石花纹,大理石花纹好的产品不仅售价高,其加工特性也好。一般大理石花纹可采用目测评分法评定。只有痕量评为1分,微量评为2分,少量评为3分,适量评为4分,过量评为5分。目前暂用大理石花纹评分标准图评定。如果评定鲜肉样时表观不清,可以置于4 ℃左右保存24 h后再进行评分。

二、几种常见肉制品的加工

1.肉干

(1)原料和用具

材料:猪肉、牛肉、食盐、酱油、白糖、生姜、味精等。
用具:锅、锅铲、砧板等。

(2)加工方法

　　猪、牛等瘦肉经煮熟后,加入配料复煮,烘烤而成,形状多为1 cm³大小的块状,故称为肉干。常见的肉干按原料分为猪肉干、牛肉干和羊肉干等,按形状分为片状、条状和粒状等,按配料分为五香肉干、辣味肉干和咖喱肉干等。一般的加工方法如下:
　　①原料肉的选择与处理
　　多采用新鲜的猪肉和牛肉,以前、后腿的瘦肉为最佳。先剔去原料肉的脂肪和筋腱,再洗净沥干,切成 0.5 kg 左右的肉块。

②水煮

将肉块放入锅中,用清水煮开后撇去肉汤上的浮沫,浸烫 20 ~ 30 min,肉发硬后捞出,切成 1.5 cm³ 的肉丁或切成 0.5 cm × 2 cm × 4 cm 的肉片(按需要而定)。

③配料

猪肉和牛肉分别按每 100 kg 瘦肉计算,介绍两种肉干的配方。

猪肉干:猪瘦肉 50 kg,食盐 1.5 kg,白糖 6 kg,酱油 1.5 kg,高粱酒 1 kg,味精 250 g,咖喱粉 250 g。

牛肉干(按鲜肉重计):混合香料 0.35%,生姜 0.5%,鲜橘皮 1%,白糖 3%,味精 0.15%,花椒粒 0.2%,干辣椒 0.2%,胡椒粒 0.2%,食盐 2.3%。

④复煮

锅中放入适量水(约为原料肉质量的 40%),用纱布把配制好的调味料包好,放入锅中煮沸 20 min,再加入切好的原料肉(此时以水刚好淹没原料肉为佳,不足部分加原汤),先用大火煮制,等汤快干时改用温火,加入肉重 2% 的高度白酒快速炒干,起锅,根据需要生产各种口味。注意使用易蒸发水分的扁平锅,复煮时间控制在 1 h 左右。

⑤烘烤:将肉丁或肉片铺在铁丝网上用 50 ~ 55 ℃ 进行烘烤,要经常翻动,以防烤焦,需 8 ~ 10 h,烤到肉发硬变干、具有香味时即成肉干。牛肉干的成品率为 50% 左右,猪肉干的成品率约为 45%。

(3)保藏

肉干先用纸袋包装,再烘烤 1 h,可以防止发霉变质,能延长保存期。如果装入玻璃瓶或马口铁罐中,可保藏 3 ~ 5 个月。肉干受潮发软,可再次烘烤,但口味较差。

2. 五香牛肉

(1)原料和用具

材料:鲜牛肉、食盐、酱油、白糖、白酒、味精、八角、桂皮、砂仁、丁香、花椒、红曲粉、花生油等。

用具:夹层锅等。

(2)加工方法

①原料整理

去除较粗的筋腱或结缔组织,肉表面血液和杂物用温水洗除,按肌纤维纹路切成 0.5 kg 左右的肉块。

②腌制

将食盐洒在肉块上,反复推擦,放入盆内腌制 8~24 h(依季节而定)。腌制过程中需多次翻动,使肉变硬。

③预煮

用清水将腌制好的肉块冲洗干净,放入盛有水的锅中,用旺火烧沸,撇除浮沫和杂物,煮 20 min 左右,捞出牛肉块,放入清水中漂洗干净。

④烧煮

把腌制好并经过预煮的肉块放入锅内,加入清水 0.75 kg,同时放入全部辅料及红曲粉,用旺火煮沸,再改用小火焖煮 2~3 h 出锅。煮制过程需翻锅3~4次。

⑤烹炸

将油温升高到 180 ℃左右,把烧煮好的肉块放入锅内烹炸 2~3 min 即为成品。烹炸后的五香牛肉有光泽,味更香。

⑥成品

成品表面色泽酱红、油润发亮,筋腱呈透明或黄色,切片不散,咸中带甜,美味可口,成品率 42% 左右。

(3)品评与分析

牛肉含有丰富的蛋白质,氨基酸组成比猪肉更接近人体需要,能提高机体抗病能力。牛肉具有暖胃的作用,是冬季的补益佳品,还具有补中益气、滋养脾胃、强健筋骨、化痰息风、止渴止涎之功效,适宜于中气下隐、气短体虚、筋骨酸软、贫血久病及面黄目眩之人食用。

3. 炸鸡

(1)原料和用具

材料:10 kg 鸡肉腌制用料配比如下:大茴香 9 g,小茴香 8 g,丁香 7 g,白芷 8 g,肉豆蔻 8 g,辛夷 6 g,砂仁 6 g,草果 4 g,桂皮 6 g,白胡椒 9 g,山奈 7 g,花椒 10 g,陈皮 90 g,生姜 1 kg,大蒜 1 kg,味精 30 g,白糖 0.3 kg,黄酒 0.5 kg,食盐 0.3 kg,等等。

用具:高压油炸设备。

(2)加工方法

①工艺流程

原料鸡的选择→宰前处理→宰杀放血→浸烫→脱毛→净膛→清水浸洗→分割→浸卤腌制→晾干→烫皮→晾干→涂料→晾干→高压油炸→真空包装→成品

②原料鸡的选择

选用饲养 60 天左右、毛重为 1.5~2 kg、健康无病的肉用仔鸡。屠宰后清洗净膛,割下翅、脚掌和鸡腿。

③卤液配制

按配方比例准确称取全部香辛料,放入浸提锅中加水煮沸后再熬煮约 40 min。然后用双层纱布过滤除渣,滤液倒入浸料缸。再把配方中的白糖、黄酒、味精、食盐等调味料一起放入,拌匀,冷却后即成卤液。

④腌制

将分割好的鸡腿或光鸡,逐只放入浸料缸里的卤液中,以卤液淹没为准,静腌 4~6 h。腌制半成品挂在晾架上,将其表皮水分晾干。

⑤烫皮、晾干

将腌制残剩卤液烧开,用勺浇淋到晾干的鸡腿或光鸡上进行烫皮。烫皮后皮肤紧缩,表面水分容易晾干,炸制时着色均匀,炸制后外表具有酥感。烫皮后的鸡坯晾干,这样利于涂料上色均匀,炸后表皮不会出现花斑。

⑥涂料、晾干

将配制好的上色涂料(饴糖40%,蜂蜜20%,黄酒10%,精面粉10%,腌卤料液18%,辣椒粉2%)均匀涂于鸡坯上,挂于架上稍晾干,以免糖液焦黏锅底,产生油烟味,影响产品质量。据不同产品种类分别配制上色涂料。

⑦高压油炸

先将高压锅中的油温升至约150 ℃,把晾好的鸡坯放入专用炸筐中,放入锅内,旋紧锅盖开始定时定温定压炸制。一般炸制温度可定为190 ℃左右,时间6~9 min,压力小于额定工作压力。炸制完毕,马上关掉加热开关,开启排气阀,待压力完全排除后,开盖提出炸筐。

(3)品评与分析

炸鸡的主要营养成分有蛋白质,碳水化合物,脂肪以及钠、钾、磷等矿物质。鸡肉的蛋白质含量丰富,但缺乏膳食纤维和其他水溶性维生素。

4.灌肠

(1)原料和用具

材料:猪肉、肠衣、淀粉、食盐、硝酸盐(硝酸钠、硝酸钾)、白糖、料酒、胡椒粉、桂皮、大茴香、生姜粉、味精、蒜(去皮)。

用具:绞肉机、剁肉机、灌肠机、烘箱、烟熏炉等。

(2)加工方法

①原材料整理、腌制

A.整理:生产灌肠的原料肉,要求脂肪含量低、结着力好。要求剔去大小骨头,剥去肉皮,修去肥油、筋腱、血块、淋巴结等,最后切成拳头大小的小块,以备腌制。

B.腌制:100 kg原料加3~5 kg食盐、50 g硝酸钠。将腌料磨细拌和均匀后再与切好的肉块搅拌均匀,装入容器腌制2~3天,腌制温度低于5 ℃。待肉块切面变成鲜红色,且较坚实有弹性、无黑心时腌制结束。一般以带皮的大块肉膘进行腌制,也可腌去皮的脂肪块,将按配料比例混合好的硝酸盐均匀地揉擦在脂肪上,然后移入 10 ℃以下的冷藏环境下,一层层地堆起,经 3 ~ 5 天,脂肪坚硬,切面色泽一致即可使用。

②切粒

洗净沥干水分,分别用绞肉机和肥膘切粒机将瘦肥肉切成符合要求的肉粒,一般瘦肉粒大小为 8 mm³,肥肉粒为 6 mm³。肥肉粒较小的原因是:在烘烤时肥肉比瘦肉的收缩率小,这样可以使烘烤后的肥瘦肉颗粒均匀;另外,如果烘烤后肥肉颗粒大的话,会影响消费者购买。

③清洗肉粒

将肥肉粒倒入带孔的容器中,用 60 ~ 80 ℃的热水浸洗 10 s,再用凉水清洗、沥干备用。清洗表面的目的是脱去肥肉粒表面的浮油,避免相互粘连,同时使肉粒表面润滑、柔软,便于拌馅。

④制馅

A. 绞碎:腌制后的肉块,用绞肉机绞碎。一般用 2 ~ 3 mm 孔径粗眼绞肉机绞碎。在绞碎时避免肉块与机器摩擦而使温度升高,必要时采取冷却措施。

B. 剁碎:为把原料粉碎至肉浆状,使成品具有鲜嫩细腻的特点,原料须经剁碎工序。剁碎的程序是先剁肉后剁其他原料。剁制时的加水量一般以 100 kg 肉馅中添加 6 ~ 10 kg 水为宜,根据原料的干湿程度和肉馅是否具有黏性,灵活掌握。

C. 拌馅:通常是将剁碎的猪肉与水以一定比例在拌馅机中混合,搅拌 6 ~ 8 min,水被肉充分吸收后,再按配方规定加入调料,然后加入淀粉,混合 4 ~ 6 min,最后加入肥肉粒充分混合 2 ~ 3 min。淀粉先以清水调和,在加肥肉粒前加入。拌好的肉馅应具有弹力好、包水性强、没有乳状分离、脂肪块分布均匀等特点。肉馅温度不应超过 10 ℃。

⑤接种

乳酸菌的接种方法有三种:

一是传统自然接种法,乳酸菌在肠中自然生长。

二是产品接种法,取一部分自然接种发酵好的肠,绞碎后加入馅料中。

三是商品发酵剂培养物接种法。采用第三种方法接种的产品质量最稳定。

⑥灌制

灌制过程包括灌馅、捆扎和吊挂等程序。装馅前对肠衣进行质量检查,肠衣一般选择羊小肠或猪小肠。肠衣要求色泽洁白、不带花纹且无砂眼、厚薄均匀等，干肠衣或盐渍肠衣在使用前需经复水处理或脱盐处理。肠衣直径一般24～28 mm。肠衣必须用清水洗净，不能有漏气现象。灌制前将肠衣按规格要求剪断，用纱绳扎好一头，另一头套在灌肠机的管子上进行灌馅，待灌满后，用手或扎绳机将肠衣顶端用纱绳结紧。口径大或质量差的肠衣，大多在灌肠半腰处加扎一道纱绳，并与肠衣顶端纱绳联结，以防肠子中断。灌好的肠子，须用小针戳孔放气。灌馅时，工厂采用机器生产，要注意松紧适当，过紧容易胀破肠衣，过松则灌肠中空气太多，不易贮藏，产品外观也不饱满，切片质量较差。每根灌肠上端结以约 10 cm 长的双道纱绳，悬挂于木棒上，待烘烤。为防止烘烤时受热不均，吊挂的灌肠相互之间不应紧贴在一起。

⑦烘烤型产品

烘烤的目的是使灌肠膜干燥及对肠体进行杀菌，延长保存时间。烘烤温度65～80 ℃，烘烤时间以肠中心温度达 45 ℃以上为准，待肠衣表皮干燥光滑，手摸无黏湿感觉，表面深红色，肠头附近无油脂流出时，即可出烘房。为防止熏制过程中黑烟将灌肠熏黑，烘烤使用不含或少含树脂类的硬木为好。为防止肠端脂肪烤化流油，甚至把肠端肉馅烤焦，灌肠在烘房内以下垂的一端与火焰相距60 cm 以上为宜，同时必须保持温度稳定，每隔 5～10 min，烘房内的灌肠近火端、远火端调换位置，避免烘烤不均。目前一些大型食品厂烘烤采用煤气上少加木柴，保持烟熏味。也可采用电烘箱等设备进行烘烤。

⑧煮制产品

煮制和染色同时进行。煮制通常采用水煮，锅内水温先达到 90～95 ℃，放入色素，搅拌均匀，随即放入灌肠。保持水温 80 ℃左右。灌肠在锅内的位置须移动 1～2 次，以防染色不匀，煮制 1 h 左右，灌肠中心温度达 75 ℃以上时用手掐肠体感到硬挺、有弹性时即熟，可以出锅。习惯上每 50 kg 灌肠用水量约150 kg。

灌肠的色泽，除了大红肠、小红肠是红色外，其他品种根据需要而定。红色素国家规定使用红曲米（即红米），一般均在煮制锅内随水加入红曲米粉，数量按需要而定。

⑨熏烟

熏烟的作用是使灌肠有一种清香的烟熏味，并借烟中的酚、醛类物质的化学作用,使灌肠防霉防腐。熏烟和烘烤可在同一处进行。熏房内温度须保持在 60 ~70 ℃之间,目前常在烧着的木柴堆上覆盖锯木屑来产生烟。熏烟过程中,要使灌肠之间保持一定间距,以防止部分肠体未被熏到,形成"黏疤"(灰白色)而影响质量。温度保持在 40 ~50 ℃,熏 5 ~7 h,灌肠表面光滑而透出内部肉馅的红色,并且有枣子式的皱纹时,即为熏烟成熟的成品。出烘房自然冷却,除去烟尘,即可食用。

(3)几种典型灌肠产品的配方

见表 5 – 3。

表 5 – 3   几种典型黑龙江灌肠产品的参考配方表

名称	猪瘦肉		猪肥肉		其他配料	
	质量/kg	筛孔/mm	质量/kg	筛孔/cm³	(每 50 kg 肉馅)/kg	备注
哈尔滨红肠	38	2 ~3	12	1	淀粉 3,味精 0.045,胡椒粉 0.045,大蒜 0.15,硝酸钠 0.025,食盐 1.75 ~2	—
松江肠	38.5	2 ~3	8.5	0.25 ~0.4	淀粉 2,味精 0.045,大蒜 0.05,胡椒粉 0.07,胡椒粒 0.07,桂皮粉 0.025,硝酸钠 0.025,食盐 1.75 ~2	用牛拐头灌制
茶肠	38.5	肉泥	8.5	0.8	淀粉 2,味精 0.09,胡椒粉 0.04,豆蔻粉 0.025,大蒜 0.35 ~0.4,硝酸钠 0.05,食盐 1.75 ~2	—

续表

| 名称 | 猪瘦肉 | | 猪肥肉 | | 其他配料 | 备注 |
	质量/kg	筛孔/mm	质量/kg	筛孔/cm³	(每50 kg肉馅)/kg	
小干肠	38.5	2~3	8.5	0.4~0.5	淀粉2,味精0.09,胡椒粉0.09,桂皮粉0.05,大蒜0.075,白糖0.25,硝酸钠0.05,食盐1.5~1.75	用羊小肠衣灌制
粉肠	4	肉泥	5	0.25	酱油0.25,食盐0.18,芝麻油0.165,红糖0.2,姜末0.09,豆蔻面0.01,硝酸钠0.01,淀粉1.8,葱末0.36,花椒水4(花椒50 kg加4 kg开水泡成),糖色少许	—

5.哈尔滨松仁小肚

松仁小肚是我国北方的传统肉制品。将猪肉、食盐、糖、葱、姜、松仁、绿豆淀粉等拌和均匀,灌装到猪小肚中,煮熟后熏制而成。该产品拥有葱香、姜香、麻油味和松仁味明显,深受消费者欢迎。

(1)原料

猪肉100 kg,绿豆淀粉25 kg,松子仁300 g,香油3 kg,葱2 kg,鲜姜1 kg,食盐4.5 kg,味精300 g,花椒粉120 g,等等。

(2)工艺流程

猪肉选择及修整→绞制→腌制→搅拌→灌制→煮制→熏制→成品

(3)操作要点

①原料整理

选用新鲜或化冻的猪前、后腿肉,修去肉外表的脂肪、淤血、筋腱、碎骨等杂质,瘦肉与肥肉的比例为瘦肉85%、肥肉15%。选好不带筋、软肥膘和肘子的瘦肥肉,肥膘最好选用猪背膘,将瘦肉、肥膘清洗干净,控干水分。切成长4~5 cm、宽3~4 cm、厚2~2.5 cm的小薄片。

②拌馅

猪瘦肉用内径20~30 mm孔板绞制,肥膘用内径8~10 mm孔板绞制,要求绞肉机刀具锋利。绞制好的瘦肉、肥膘颗粒明显。把肉片、淀粉和全部辅料一并放入拌馅槽内,加入适当的清水溶解拌匀,将绿豆淀粉溶于余下的冰水,搅到馅浓稠带黏性为止。加入一定比例的食盐、亚硝酸钠、磷酸盐和冰水拌和均匀,低温下腌制36~48 h。

③灌制

将新鲜的肚皮或干的肚皮,用清水清洗干净,沥干水分,灌入70%~80%的肉馅,用竹针缝好肚皮口,每灌3~5个用手将馅搅拌一次,以免肉馅沉淀。注意选择的肚皮大小要基本一致。

④煮制

下锅前用水洗净肚面上馅汤,用手将小肚捏均匀,防止沉淀。锅中汤的盐浓度为8~10波美度。水煮沸后下锅,保持水温85 ℃左右。入锅后每半小时左右扎针放气一次,把肚内油水放尽。要经常翻动,避免生熟不均。同时捞出锅内的浮油和沫子,保持锅内干净。煮制2 h即可出锅。

⑤熏制

熏锅内糖与锯末的比例为3:1,即如需加3 kg糖,则加1 kg锯末。一般将糖和锯末混合时,如发现锯末太干,需加入一点水使锯末潮湿,以便发烟。将煮好的小肚装入熏屉,间隔3~4 mm,便于熏透、熏均匀。小肚不要堆得过紧,以便熏制均匀。熏制6~7 min后出炉,冷晾后除去竹针,即为成品。

⑥成品

熏好的小肚放凉后即可散售,也可抽真空包装,二次灭菌后冷却,装箱后销售。

（4）质量标准

松仁小肚烟熏均匀,外表棕褐色、光亮滑润,小肚坚实而富有弹性,切开断面光亮透明,肥瘦相间,瘦肉呈淡红色,肥肉洁白,葱、姜、香油味明显。吃起来口感筋道,味道鲜美,具有松仁特有的清香味。

色泽:外表呈棕褐色,光亮滑润,烟熏均匀。肚内肥肉洁白,瘦肉呈淡红色,淀粉浅灰。

组织:外皮无皱纹,不裂不破,坚实而有弹性。灌馅均匀,中心部位的馅熟透,无黏性,切断面较透明光亮。每个重 500 ~ 750 g。

味道:鲜美,清香可口,无松油味,不黏糊。

6. 韩式烤牛肉

（1）工艺流程

原料整理→腌制→烤制→成品。

（2）配方

原料:牛里脊肉 10 kg,腌汁 2.5 kg,蘸汁、色拉油适量。

腌汁配料:韩式汤酱油 1 000 g,清酒 200 g,味健滋恰(一种韩式调味料) 100 g,白糖 500 g,牛肉粉 200 g,胡椒粉 150 g,味精 100 g,大蒜 100 g,生姜 200 g,洋葱 500 g,梨 500 g,香油 50 g,熟芝麻 50 g,清水 4 L。

蘸汁配料:酱油 500 g,饴糖 150 g,八角 15 g,肉桂 15 g,白蔻 10 g,胡椒粒 10 g,姜片 15 g,蒜片 15 g,葱节 20 g,洋葱块 20 g,牛肉粉 50 g,清水 1 500 g。

（3）加工工艺

①腌汁制作

将汤酱油、清酒、味健滋恰、白糖、牛肉粉、胡椒粉等加适量的水混合均匀,制成汤汁。

生姜、大蒜、梨、洋葱洗净、切碎,用搅拌机搅成蓉状,再倒入静置的汤汁中,最后放入香油和熟芝麻搅匀,置冰箱冷藏室保存。要注意掌握好汤酱油、水、白糖的用量,水不宜过多,否则腌制出来的牛肉颜色不佳,白糖也不易过多,避免牛肉在烤制时变焦煳。

②蘸汁制作

将酱油、清水、饴糖、牛肉粉放入锅中煮沸,加入八角、肉桂、白蔻、胡椒粒(拍碎)、姜片、蒜片、葱节和洋葱块,改小火熬煮出香味时,除去料渣,即成蘸汁(冷却后放入冰箱中保存)。

③原料处理

将牛里脊肉切成长 15～20 cm、宽 4～5 cm 的长条。

④腌制

将处理好的原料放入腌汁中腌渍 30 min。

⑤烤制

平底锅置烤炉上,刷少许色拉油,将牛肉片平铺在锅底,用大火炙烤至出血水后,翻面烤熟即可。烤制时,为使牛肉嫩爽,一般烤至八分熟即可。

7. 高压油炸鸡

以热油为媒介,使经过近 20 种具有保健功能的香辛料、调味料等辅料预处理好的仔鸡,在低温高压油炸条件下速熟。产品具有外酥里嫩、色鲜、味浓、香而不腻、爽口健胃及耐储藏等特点。

(1)工艺流程

原料鸡的选择→宰前处理→宰杀放血→浸烫→脱毛→净膛→清水浸洗→分割→浸卤腌制→晾干→烫皮→晾干→涂料→晾干→高压油炸→真空包装→成品

(2)配料

100 kg 炸鸡腌制用料配比如下:大茴香 90 g,小茴香 80 g,丁香 70 g,白芷 80 g,肉豆蔻 80 g,草果 60 g,辛夷 60 g,山奈 70 g,砂仁 70 g,桂皮 60 g,白胡椒 90 g,花椒 100 g,陈皮 100 g,生姜 1 kg,大蒜 1 kg,味精 300 g,白糖 2 kg,黄酒 1 kg,食盐 3 kg,等等。

(3)技术要领

①原料鸡的选择:选饲养 60 天左右、毛重 1.5~2 kg、健康无病的肉用仔鸡。

②鸡的屠宰:把鸡屠宰后清洗净膛,割除鸡翅、脚掌和鸡腿。

③卤液制作:按配方比例准确称取全部香辛料,放入盛有 25 kg 水的浸提锅中加热煮沸约 30 min。然后用双层纱布过滤除渣,滤液入浸料缸。再把配方中的白糖、黄酒、味精、食盐等调味料一起加入,搅溶,冷却后即成卤液。

④腌制、晾干:将分割好的鸡腿或光鸡,逐只放入浸料缸里的卤液中,用压盖将鸡压入卤液液面下,静腌 4~8 h。腌制好的鸡腿或光鸡挂在晾架上,将其表皮水分晾干。

⑤烫皮、晾干:将腌制后的残剩卤液烧开,用勺浇淋到晾干的鸡腿或光鸡上进行烫皮。烫皮后皮肤紧缩,皮内气体最大限度地膨胀,鸡体胀满,皮肤光亮,外表美观,表面水分容易晾干,炸制时着色均匀,炸制后外表具有酥感。烫皮后的鸡坯晾干表皮水分。这样利于涂料上色均匀,炸后表皮不会出现花斑。

⑥涂料、晾干:将配制好的上色涂料均匀涂于鸡坯上。涂料时应注意表面不沾水和油,避免涂布不均,出现炸后花斑。涂料后应将鸡挂于架上稍晾干,以免糖液焦黏锅底,产生油烟味,影响产品质量。据不同产品种类分别配制上色涂料。

⑦高压油炸:先将高压锅中的油温升至约 150 ℃,把涂料晾好的鸡坯放入专用炸筐中,放入锅内,旋紧锅盖开始定时定温定压炸制。一般炸制温度可定为 190 ℃左右,炸制 5~7 min,压力应小于额定工作压力。炸制完毕,马上关掉加热开关,开启排气阀,待压力完全排除后,开盖提出炸筐。

⑧真空包装:将油炸好的鸡坯趁热移入包装车间,根据不同的包装规格切分装袋,真空包装后即为成品。

迄今为止,有关油炸食品与健康的关系尚无完全统一的定论。但现有的研究成果表明,需要优化产品质量,发展和革新油炸技术,通过严厉的法规来控制炸用油的质量。

第二节　肉与肉制品总糖含量的测定

一、能力素养

熟练掌握分光光度法测定总糖在肉与肉制品中的应用。

二、知识素养

作为重要的营养素,肉与肉制品中的总糖对其加工过程与产品性能的影响有着重要的意义。

三、分析原理

样品中的糖经热水提取后,硫酸脱水,生成糠醛或糠醛衍生物。生成物与芳香族酚类化合物缩合生成黄色物质,在 470 nm 处有最大吸收,在一定范围内其吸光度与糖的浓度成正比,以此测定糖的含量。

四、仪器和试剂

1. 浓硫酸(1.84 g/mL)。

2. 苯酚溶液:称取 5 g 苯酚溶于 100 mL 水中。避光贮存。

3. 葡萄糖标准溶液:准确称取 1.000 g 经过 96 ± 2 ℃ 干燥 2 h 的纯葡萄糖,加水溶解后加入 5 mL 盐酸,并用水定容至 1 000 mL。此溶液每毫升相当于 1 mg 葡萄糖。

4. 淀粉酶溶液:称取 0.5 g 淀粉酶溶于 100 mL 水中。

5. 碘 - 碘化钾溶液:称取碘化钾 3.6 g、碘 1.3 g 溶于水中并稀释至 100 mL。

6. 仪器和设备:绞肉机(孔径不超过 4 mm),分光光度计。

五、分析步骤

1. 样品制备

取一定量的肉制品,置于绞肉机中绞至均匀细腻。称取该肉样约 1 g(精确至 0.001 g)于烧杯中,加入 50 mL 水,沸水浴加热 30 min,冷却后用水定容到 500 mL。含淀粉的肉样,加热后冷却到 60 ℃ 左右,需加入淀粉酶溶液 10 mL 混匀,在 55~60 ℃ 水浴中保温 1 h。用碘-碘化钾溶液检查酶解是否完全。若显蓝色,再加淀粉酶溶液 10 mL 继续保温直到酶解完全。加热煮沸,冷却后移入 500 mL 容量瓶中用水定容至刻度。混匀过滤,滤液备用。

2. 葡萄糖标准曲线的绘制

分别准确吸取葡萄糖标准溶液 0 mL、1 mL、2 mL、3 mL、4 mL、5 mL 分别置于 50 mL 容量瓶中用水定容至刻度,摇匀,浓度分别为 0 μg/mL、20 μg/mL、40 μg/mL、60 μg/mL、80 μg/mL、100 μg/mL。分别准确吸取上述葡萄糖溶液 1 mL(相当于葡萄糖 0 μg、20 μg、40 μg、60 μg、80 μg、100 μg),加入 20 mL 比色管中,加入苯酚溶液 1 mL 充分混合,加入浓硫酸 5 mL 并立即摇匀。室温下放置 20 min,在 470 nm 波长下以零管为参比,测定吸光度,以葡萄糖含量为横坐标、吸光度为纵坐标,绘制标准曲线。

3. 样品溶液的测定

准确吸取滤液 1 mL,加入 20 mL 比色管中,按葡萄糖标准曲线绘制的操作进行。

六、结果分析

1. 分析结果的表述

样品中总糖的含量(以葡萄糖计)按式(5-1)计算

$$\omega_1 = \frac{m_1 \times V_0 \times 10^{-6}}{m_0 \times V_1} \times 100 \qquad (5-1)$$

式中：

ω_1 ——每 100 g 样品中总糖的含量(以葡萄糖计),g;

m_1 ——从标准曲线上查得葡萄糖含量,μg;

V_0 ——样品经前处理后定容的体积,mL;

m_0 ——样品质量,g;

V_1 ——测定时吸取滤液的体积,mL。

2.精密度

当平行测定符合精密度所规定的要求时,取平行测定的算术平均值作为结果,精确到 0.01%。

七、注意事项

在操作过程中一定要用碘 – 碘化钾溶液检查酶解是否完全,以免影响后期操作数据。

第三节 肉与肉制品脂肪酸含量的测定

一、能力素养

1.熟悉脂肪酸在肉与肉制品中的主要功能价值。

2.熟悉气相色谱法对肉制品中脂肪酸测定的基本操作技能。

二、知识素养

脂肪酸是由碳、氢、氧三种元素组成的一类化合物,是中性脂肪、磷脂和糖脂的主要成分。脂肪酸根据碳链长度的不同可分为短链脂肪酸、中链脂肪酸、长链脂肪酸,一般食物所含的大多是长链脂肪酸,其中短链脂肪酸碳链上的碳原子数小于 6,也称作挥发性脂肪酸;中链脂肪酸,指碳链上碳原子数为 6 ~ 12 的脂肪酸,主要成分是辛酸(C8)和癸酸(C10);长链脂肪酸,其碳链上碳原子数大于 12。根据碳氢链饱和与不饱和的不同可分为饱和脂肪酸、单不饱和脂肪酸、多不饱和脂肪酸。

三、分析原理

游离脂肪在三氟化硼催化下,进行甘油酯的皂化和游离脂肪酸的酯化,然后用气相色谱法进行分析,面积归一化法测定其组成。

四、仪器和试剂

1. 氢氧化钠甲醇溶液(0.5 mol/L):将 2 g 氢氧化钠溶于 100 mL 含水量不超过 0.5% 的甲醇中。该溶液存放时间较长时,可能形成少量白色的碳酸钠沉淀,但不会影响测定结果。

2. 三氟化硼甲醇溶液:12% ~ 15%。

3. 异辛烷(2,2,4 – 三甲基戊烷):色谱纯。异辛烷易燃易爆,在空气中的爆炸极限为 1.1% ~ 6%。吸入有毒,使用时应采用防护措施以防吸入。

4. 参照标准物:纯脂肪酸甲酯的混合物或已知油脂组成的甲酯,其组成与待分析脂类相似。

5. 其他:无水硫酸钠、饱和氯化钠溶液、氢气(纯度不小于 99.9%,无有机杂质)、氮气(完全干燥,纯度不小于 99.999%)、空气(无有机杂质)。

6. 仪器和设备:感量为 1 mg 和 0.1 mg 的分析天平,气相色谱仪,配备火焰离子化检测器。

五、分析步骤

1. 脂肪酸甲酯的制备

三氟化硼有毒,下列操作应在通风橱里进行,玻璃仪器用后,应立即用水冲洗。

(1)样品称取

根据称取脂肪的量参考表 5 – 4 选择烧瓶及试剂。

表 5-4　脂肪取样量对应表

脂肪/mg	烧瓶/mL	氢氧化钠甲醇溶液/mL	三氟化硼甲醇溶液/mL	异辛烷/mL
100~250	50	4	5	1~3
250~500	50	6	7	2~5
500~750	100	8	9	4~8
750~1 000	100	10	12	7~10

(2)皂化

将样品置于烧瓶中,加入适量氢氧化钠甲醇溶液及脱脂沸石。将冷凝管固定于烧瓶上,水浴回流,至油滴消失。回流速度控制在每 30~60 s 一滴,通常需 5~10 min。采用移液管或自动加液器从冷凝管上部加入适量的三氟化硼甲醇溶液于沸腾的溶液中。

注 1:在含有两个以上双键的脂肪酸存在时,建议在回流前导入氮气数分钟,排掉烧瓶中的空气。

注 2:如果不皂化物数量较大,可能会影响以后的分析。此时,可用蒸馏水稀释皂化液,并用乙醚、己烷或石油醚萃取除去不皂化物,然后将溶液酸化并分离脂肪酸。

2. 甲酯的异辛烷溶液的制备

按照皂化步骤继续煮沸 3 min,对于含有长链脂肪酸的油脂,继续煮沸 30 min。经冷凝管上部加入适量的异辛烷,停止加热,移去冷凝管。不等烧瓶冷却,立即加入 20 mL 饱和氯化钠溶液。盖上瓶盖,用力振摇至少 15 s,继续加入饱和氯化钠溶液至烧瓶颈部。吸取上层异辛烷溶液 1~2 mL 于试管中,加适量无水硫酸钠脱水,可直接取一定量注入气相色谱仪中。

3. 甲酯的贮存

制备好的样品应尽快分析。不能尽快分析时,可将甲酯的异辛烷溶液在惰性气体保护下短期冷藏贮存在冰箱中。

较长时间贮存时,可加入一定浓度而不影响分析的抗氧化剂(如 0.05 g/L 的 2,6 - 二叔丁基对甲酚溶液)防止甲酯的自动氧化。含丁酸的甲酯只能贮存于密封的安瓿瓶里,采取特殊的保护措施,避免灌装和密封安瓿瓶期间的蒸发损耗。

4. 色谱条件

色谱柱:innowax 弹性石英毛细管柱(30 m × 0.25 mm × 0.25 mm),或相当者。

载气:恒流 1 mL/min。

柱温:程序升温,应将所有组分洗脱。

进样口温度:200 ℃。

检测器温度:等于或高于柱温。

进样量:0.1 ~ 1 μL,如果检测痕量组分,样品量可以增大(至 10 倍)。

空气流速:350 mL/min。

氢气流速:30 mL/min。

六、结果分析

1. 分析结果的表述

通过测定相应峰面积对所有组分峰面积总和的百分数来计算给定组分 i 的含量,用甲酯的质量分数表示,计算见式(5 - 2):

$$\omega_1 = \frac{A_i}{\sum A_i} \times 100\% \qquad (5-2)$$

式中:

ω_1——甲酯的质量分数;

A_i——组分 i 的峰面积;

$\sum A_i$——全部组分峰面积之和。

一般情况下,由峰面积比计算的结果可以被认为代表质量分数。当该假设不成立时,参阅下列计算。

2. 校正因子计算

在某些情况下,特别是存在碳原子数少于 8 的脂肪酸或有二级基团的脂肪酸,或者需要高精确度时,应使用校正因子将峰面积的百分数转换成组分的质量分数。

校正因子在与样品相同的操作条件下,通过分析已知组成的参照标准物来测定。

对于此种参照标准物,组分 i 的质量分数可由式(5-3)求出:

$$\omega_2 = \frac{m_i}{\sum m_i} \times 100\% \tag{5-3}$$

式中:

ω_2——参照标准物组分 i 的质量分数;

m_i——参照标准物中组分 i 的质量,g;

$\sum m_i$——参照标准物中各组分的总质量,g。

由参照标准物的色谱图按式(5-4)计算组分 i 的面积百分比:

$$X_3 = \frac{A_i}{\sum A_i} \times 100\% \tag{5-4}$$

式中:

X_3——参照标准物组分 i 的面积分数;

A_i——组分 i 的峰面积;

$\sum A_i$——全部组分峰面积之和。

则校正因子 K_i 可按式(5-5)进行计算:

$$K_i = \frac{m_i \sum A_i}{A_i \sum m_i} \tag{5-5}$$

通常,校正因子是以对棕榈酸的校正因子 K_{c16} 的相对值来表示的,故此相对校正因子 K_i' 可换算为式(5-6):

$$K_i' = \frac{K_i}{K_{c16}} \tag{5-6}$$

因此,样品中每种组分 i 的含量表示为甲酯的质量分数,见式(5-7):

$$\omega_4 = \frac{K'_i A_i}{\sum (K'_i A_i)} \times 100\% \qquad (5-7)$$

式中：

ω_4——甲酯的质量分数。

计算结果保留至小数点后 1 位。

3. 精密度

同一操作者使用同一台仪器对同一样品连续进行两次测定的误差,对于含量大于 5% 的组分,相对偏差应不大于 3%(质量分数),绝对误差应不大于 1%(质量分数);对于含量小于 5% 的组分,绝对误差应不大于 0.2%(质量分数)。

七、注意事项

各种试剂和溶剂在进行气相色谱分析时不得产生干扰脂肪酸甲酯峰的信号。在进行色谱分析时,一些反应物可能会在谱图上产生一些干扰峰,特别是在长期的储存中,三氟化硼甲醇溶液可能会在色谱图的 C10 ~ C22 脂肪酸区域内产生干扰峰。因此,每批新试剂或溶剂都应制备纯油酸甲酯并进行色谱分析。如有额外峰出现,则该试剂应当废弃。

第四节　肉与肉制品淀粉含量的测定

一、能力素养

1. 熟练掌握肉与肉制品中淀粉含量的测定方法。
2. 熟悉 GB/T 5009.9—2016 中对淀粉测定的基本操作技能。
3. 明确造成测定误差的主要原因。

二、知识素养

淀粉具有良好的膨胀性,将其添加到肉制品中,可以起到保水保汁、增加弹性、改善结构的作用。在熟化前进行肠衣包装的产品中,加入少于3%的淀粉,基本上不影响口感与口味。一般加入5%以下的淀粉对产品的外观与结构也无较大的影响。淀粉可作为填充剂被应用于肉制品中,是一种价格低廉而对产品又有明显良性作用的填充料。

然而当淀粉添加量超过5%时,如果调味不当或配料比例不当,则会产生明显的淀粉味;其次,淀粉添加量达到一定限度时,特别是在低温环境中,容易出现产品回生和析水现象。添加一定量原淀粉的熟化成品,经冷却贮藏一段时间后,会出现回生。同时,由于原淀粉的持水性随温度的降低而下降,相当部分的自由水挣脱淀粉颗粒的束缚,继而导致产品出水,以致产品在切片出售时易出现干裂及变色发灰等现象,导致产品品质下降。

三、分析原理

样品中加入氢氧化钾乙醇溶液,沸水浴加热后,滤去上清液,用热乙醇洗涤沉淀除去脂肪和可溶性糖,沉淀经盐酸水解后,用碘量法测定形成的葡萄糖含量,计算结果乘以0.9[还原糖(以葡萄糖计)换算成淀粉的换算系数]即得淀粉含量。

四、仪器和试剂

1. 氢氧化钾乙醇溶液:称取氢氧化钾50 g,用95%乙醇溶解并定容至1 000 mL。

2. 80%乙醇溶液:量取95%乙醇842 mL,用水定容至1 000 mL。

3. 1 mol/L盐酸溶液:量取盐酸83 mL,用水定容至1 000 mL。

4. 氢氧化钠溶液:称取固体氢氧化钠30 g,用水溶解并定容至100 mL。

5. 蛋白质沉淀剂分溶液 A 和溶液 B。

(1)溶液 A:称取铁氰化钾106 g,用水溶解并定容至1 000 mL。

(2)溶液 B:称取乙酸锌220 g,加乙酸30 mL,用水定容至1 000 mL。

6. 碱性铜试剂。

(1)溶液 a:称取硫酸铜25 g,溶于100 mL水中。

(2)溶液 b:称取无水碳酸钠144 g,溶于300～400 mL 50 ℃水中。

(3)溶液 c:称取柠檬酸50 g,溶于50 mL水中。

（4）将溶液 c 缓慢加入溶液 b 中，边加边搅拌直至气泡停止产生。将溶液 a 加到此混合液中并连续搅拌，冷却至室温后，转移到 1 000 mL 容量瓶中，定容至刻度，混匀。放置 24 h 后使用，若出现沉淀需过滤。取 1 份此溶液加入 49 份煮沸并冷却的蒸馏水，pH 值应为 10 ± 0.1。

7. 碘化钾溶液：称取碘化钾 10 g，用水溶解并定容至 100 mL。

8. 盐酸溶液：取盐酸 100 mL，用水定容至 160 mL。

9. 0.1 mol/L 硫代硫酸钠标准溶液。

10. 溴百里酚蓝指示剂：称取溴百里酚蓝 1 g，用 95% 乙醇溶解并定容到 100 mL。

11. 淀粉指示剂：称取可溶性淀粉 0.5 g，加少许水，调成糊状，倒入 50 mL 沸水中调匀，煮沸，临用时配制。

12. 仪器和设备：感量为 1 mg 和 0.1 mg 的分析天平、温度可加热至 100 ℃ 的恒温水浴锅、孔径不超过 4 mm 的绞肉机以及电炉等。

五、分析步骤

1. 样品制备

称取不少于 200 g 具有代表性的样品，用绞肉机绞两次并混匀。绞好的样品尽快分析，若不及时分析，应密封冷藏，防止变质和成分发生变化。贮存的样品使用时应重新混匀。

2. 淀粉分离

称取样品 25 g（精确到 0.01 g，淀粉含量约 1 g）放入 500 mL 烧杯中，加入 300 mL 热氢氧化钾乙醇溶液，用玻璃棒搅拌均匀，盖上表面皿，沸水浴加热 1 h，不断搅拌。然后，将沉淀完全转移到漏斗上过滤，用 80% 热乙醇溶液洗涤沉淀数次。根据样品的特征，可适当增加洗涤液的用量和洗涤次数，以保证洗涤完全。

3. 水解

将滤纸钻孔，用 1 mol/L 盐酸溶液 100 mL，将沉淀完全洗入 250 mL 烧杯中,盖上表面皿,在沸水浴中水解2.5 h,不时搅拌。

溶液冷却到室温,用氢氧化钠溶液中和至pH值约为6(不超过6.5)。将溶液移入200 mL容量瓶中,加入蛋白质沉淀剂溶液A 3 mL,混合后再加入蛋白质沉淀剂溶液B 3 mL,用水定容到刻度。摇匀,经不含淀粉的滤纸过滤。滤液中加入氢氧化钠溶液1~2滴,使之对溴百里酚蓝指示剂呈碱性。

4. 测定

准确取一定量滤液(V_4)稀释到一定体积(V_5),然后取25 mL(最好含葡萄糖40~50 mg)移入碘量瓶中,加入25 mL碱性铜试剂,装上冷凝管,在电炉上2 min内煮沸。随后改用温火继续煮沸10 min,迅速冷却至室温,取下冷凝管,加入碘化钾溶液30 mL,小心加入盐酸溶液25 mL,盖好盖待滴定。

用硫代硫酸钠标准溶液滴定上述溶液中释放出来的碘。当溶液变成浅黄色时,加入淀粉指示剂1 mL,继续滴定直到蓝色消失,记下消耗的硫代硫酸钠标准溶液体积(V_3)。

同一样品进行两次测定并做空白实验。

六、结果分析

1. 葡萄糖量的计算

消耗硫代硫酸钠毫摩尔数X_3按式(5-8)计算:

$$X_3 = 10 \times (V_空 - V_3) \times c \tag{5-8}$$

式中:

X_3——消耗硫代硫酸钠毫摩尔数,mmol;

$V_空$——空白实验消耗硫代硫酸钠标准溶液的体积,mL;

V_3——样品溶液消耗硫代硫酸钠标准溶液的体积,mL;

c——硫代硫酸钠标准溶液的浓度,mol/L。

根据X_3从表(5-5)中查出相应的葡萄糖量(m_3)。

表5-5　硫代硫酸钠的毫摩尔数同葡萄糖量(m_3)的换算关系

X_3	相应的葡萄糖量	
	m_3/mg	Δm_3/mg
1	2.4	2.4
2	4.8	2.4
3	7.2	2.5
4	9.7	2.5
5	12.2	2.5
6	14.7	2.5
7	17.2	2.6
8	19.8	2.6
9	22.4	2.6
10	25.0	2.6
11	27.6	2.7
12	30.3	2.7
13	33.0	2.7
14	35.7	2.8
15	38.5	2.8
16	41.3	2.9
17	44.2	2.9
18	47.1	2.9
19	50.0	3.0
20	53.0	3.0
21	56.0	3.1
22	59.1	3.1
23	62.2	3.1
24	65.3	3.1
25	68.4	—

2. 淀粉含量的计算

淀粉含量按式(5-9)计算

$$\omega = \frac{m_3 \times 0.9}{1\,000} \times \frac{V_5}{25} \times \frac{200}{V_4} \times \frac{100}{m} \qquad (5-9)$$

式中:

ω——每100 g样品中淀粉含量,g;

m_3——葡萄糖含量,mg;

0.9——还原糖(以葡萄糖计)折算成淀粉的换算系数;

V_5——稀释后的体积,mL;

V_4——取原液的体积,mL;

m——样品的质量,g。

当平行测定符合精密度所规定的要求时,取平行测定的算术平均值作为结果,精确到0.1%。

3. 精密度

在重复性条件下获得的两次独立测定结果的绝对差值不得超过算术平均值的10%。

第五节 肌原纤维蛋白的提取与性质测定

一、能力素养

1. 熟练掌握肌原纤维蛋白提取的基本操作。
2. 熟悉肌原纤维蛋白几种影响加工特性的基本性质。

二、知识素养

肌原纤维蛋白是组成肌肉中肌原纤维的蛋白质,主要包括原肌球蛋白、肌球蛋白、肌原蛋白、肌动球蛋白等几类。其中肌球蛋白占蛋白质总量的50%～55%,还有原肌球蛋白、肌原蛋白和少量功能不明的调节性结构蛋白质。

肌原纤维蛋白的空间结构对肌肉品质有重要的影响,加热、添加氯化钠和多糖等会直接或者间接地影响肌原纤维蛋白的性质,使肌原纤维蛋白分子展开,进行有序或者无序的聚合,形成凝胶对肉制品造成影响。加热速度对肌原纤维蛋白有一定的影响,肌原纤维蛋白被快速加热,蛋白质变性,疏水基团暴露在蛋白质外部,对肉及肉制品的乳化活性和乳化稳定性造成影响。

三、分析原理

利用动物蛋白的盐溶性与盐析性质,结合等电点法制备得到肌原纤维蛋白。同时利用双缩脲反应测定其蛋白质含量。

四、仪器和试剂

酸度计、电子天平、紫外－可见分光光度计、电热恒温水浴锅、冷冻离心机、冷冻干燥机、磁力搅拌器、荧光分光光度计、电泳仪、匀浆机、激光粒度仪、扫描电镜、凯氏定氮快速自动蒸馏器、质构分析仪、电热恒温干燥箱、高效液相色谱仪等。

五、分析步骤

1.肌原纤维蛋白的提取

取猪背最长肌,剔除脂肪和结缔组织,切成 1 cm^3 小块,加入 4 倍体积缓冲液(10 mmol/L 磷酸钠、0.1 mol/L 氯化钠、2 mmol/L 氯化镁和 1 mmol/L EGTA,pH＝7),匀浆 60 s,3 500 r/min 冷冻离心 15 min,取沉淀重复上面步骤两次,得到粗提的肌原纤维蛋白。然后取此沉淀加入 4 倍体积的 0.1 mol/L 氯化钠溶液,匀浆 60 s,3 500 r/min 冷冻离心 15 min,重复此操作一遍,取沉淀加 4 倍体积的 0.1 mol/L 氯化钠溶液,匀浆 60 s,4 层纱布过滤,取上清液,用 0.1 mol/L 盐酸调节 pH 值至 6,3 500 r/min 冷冻离心 15 min,沉淀即为提纯的肌原纤维蛋白,4 ℃冷藏备用。以上操作均在 4 ℃进行。用双缩脲法以标准牛血清白蛋白为标准蛋白测定肌原纤维蛋白含量。流程如图 5 – 1。

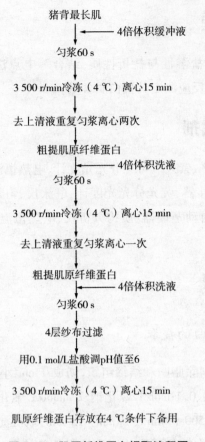

猪背最长肌
↓ ←4倍体积缓冲液
匀浆60 s

3 500 r/min冷冻（4 ℃）离心15 min

去上清液重复匀浆离心两次

粗提肌原纤维蛋白
↓ ←4倍体积洗液
匀浆60 s

3 500 r/min冷冻（4 ℃）离心15 min

去上清液重复匀浆离心一次

粗提肌原纤维蛋白
↓ ←4倍体积洗液
匀浆60 s

4层纱布过滤

用0.1 mol/L盐酸调pH值至6

3 500 r/min冷冻（4 ℃）离心15 min

肌原纤维蛋白存放在4 ℃条件下备用

图 5 - 1　肌原纤维蛋白提取流程图

2. 色氨酸内源荧光光谱的测定

用 10 mmol/L、pH = 7 的磷酸缓冲液将氧化的肌原纤维蛋白样品配制成 0.2 mg/mL 的蛋白质溶液。为了减少干扰,采用荧光分光光度计在激发波长 290 nm 下以 5 nm/s 的速度扫描得到 300 ~ 400 nm 之间的发射光谱,以 pH = 7、 0.01 mol/L 的磷酸盐缓冲液为空白。

3. 圆二色(CD)光谱的测定

采用光谱仪在 25 ℃条件下测定肌原纤维蛋白样品在 190 ~ 250 nm 之间的 远紫外 CD 光谱。以去离子水为空白,扫描速率、间隔时间、宽度以及最小间隔度分别为 100 nm/min、0.25 s、1 nm 和 0.2 nm。扫描 5 次取平均值得到最后 CD 光谱。测定时去离子水配制的肌原纤维蛋白浓度为 0.25%。

4. 表面疏水性的测定

以 ANS 为荧光探针测定蛋白质表面疏水性。利用磷酸盐缓冲液 (0.01 mol/L,pH = 7)配制成 2% 的蛋白质溶液。然后用缓冲液将蛋白质浓度稀释在 0.005 ~ 0.5 mg/mL 之间。取不同浓度的稀释样品 4 mL,加入 50 μL 的 ANS 溶液(采用 0.01 mol/L、pH = 7 的磷酸盐缓冲液配制,浓度 8 mmol/L)。在 365 nm 的激发波长和 484 nm 的发射波长下测定样品的荧光强度,以荧光强度对蛋白质浓度作图,外推至蛋白质浓度为 0 mg/mL,曲线斜率即为蛋白质分子的表面疏水性指数。

5. 聚丙烯酰胺凝胶电泳

分离胶浓度 12.5%,浓缩胶浓度 3%,电极缓冲液含 0.05 mol/L Tris、0.384 mol/L 甘氨酸、0.1% SDS(pH = 8.3),电泳样品用样品溶解液(内含 4% SDS、10% 的 β-巯基乙醇、20% 甘油、0.02% 溴酚蓝、0.125 mol/L pH = 6.8 的 Tris – HCl 缓冲液)配制成最终蛋白质浓度 1 mg/mL,振动混合 1 min,100 ℃ 水浴 3 min。电泳采用 1 mm 凝胶板;上样量为 12 μL;开始电泳时电流为 80 V,待样品进入分离胶后改为 120 V;取出胶片用考马斯亮蓝染色 3 h,用甲醇 – 乙酸脱色液脱色至透明。电泳胶片置于凝胶成像仪摄像,结合 Tanon 软件进行分析和处理。

6. 分子排阻色谱(SEC)

采用 SEC – HPLC 研究肌原纤维蛋白的分子质量分布,使用了高效液相系统和选择 TSK – GEL G2000SW 柱子以及紫外检测器。流动相为 50 mmol/L、pH = 7 的磷酸盐缓冲液,流速 1 mL/min,压强为 0.3 MPa,测定波长为 280 nm,柱温为 25 ℃。上样浓度为 10 mg/mL,进样量为 1 mL。将蛋白质溶液在 10 000 × g 下离心 10 min,进样前经过 0.22 μm 滤膜处理。标准分子质量蛋白质如下:肌球蛋白(猪),分子质量为 200 kD;β – 半乳糖苷酶(大肠杆菌),分子质量为 116 kD;磷酸酶 b(兔子肌肉),分子质量为 97.2 kD;牛血清白蛋白(牛),分子质量为 66.4 kD;卵清蛋白(鸡),分子质量为 44.3 kD。

7. 肌原纤维蛋白性质的测定

(1) 乳化活性及乳化稳定性的测定

用磷酸盐缓冲溶液(0.1 mol/L,pH = 6.5)将肌原纤维蛋白配制成最终浓度为 1 mg/mL 的蛋白质溶液。样品溶液 8 mL 与大豆色拉油 2 mL 置于 50 mL 离心管中,采用均质机在 16 000 r/min 的速度下均质 2 min,用 200 μL 的移液器立即从距离管底 0.5 cm 处取乳化液 50 μL 放入 10 mL 的离心管中,加入 5 mL 0.1% SDS 溶液,旋涡振荡器混合均匀后,于 500 nm 处测定吸光度(记作 A_0),用 0.1% SDS 溶液调零,乳化液静置 10 min 后再次在相同位置取 50 μL,重复上述步骤,吸光度记为 A_{10}。乳化活性(EAI)和乳化稳定性(ESI)按下列公式计算:

$$EAI(m^2/g) = \frac{2 \times 2.303}{c \times (1 - \varphi) \times 10^4} \times A_{500} \times 稀释倍数 \qquad (5-10)$$

$$ESI = \frac{A_{10}}{A_0} \times 100\% \qquad (5-11)$$

式中:

c——样品蛋白质浓度,g/mL;

φ——乳状液中油的比例;

A_0——初始乳化液的吸光度;

A_{10}——10 min 后乳化液的吸光度。

①乳化液 ζ-电势的测定

取上述均质后的乳状液注入毛细管吸收池中,常温下使用电位仪测定含有不同肌原纤维蛋白水解物乳化液的 ζ-电势。

②乳化液中粒径分布的测定

乳化液中粒径分布的测定采用激光粒度分析仪进行,为了避免散射效应,测定前用磷酸盐缓冲液将乳化液稀释到合适的浓度,测量时以蒸馏水作为分散介质。

(2) 乳状液的显微镜观察

在检测油滴大小和分布时,将一滴新制备的乳状液置于载玻片上,用盖玻片盖好,然后放置在显微镜下观察。

(3) 浊度的测定

将不同处理的肌原纤维蛋白溶于去离子水中,配制成各种所需的浓度,在室温下磁力搅拌器搅拌 20 min。使用紫外 – 可见分光光度计,在 600 nm 下测定其吸光度。

(4) 粒径分布的测定

将处理后的肌原纤维蛋白用去离子水配制成 1 mg/mL。采用激光粒度分析仪测定粒度分布,测定温度 25 ℃。

(5) 凝胶的测定

将肌原纤维蛋白(40 mg/mL)样品溶解于去离子水中,将溶液放置在密封玻璃瓶中,90 ℃水浴锅中加热,30 min 后将样品取出,在冰浴中冷却至室温,在 2~4 ℃条件下冷藏 12 h,对制备好的凝胶进行测定前需放在室温下平衡 30 min。

凝胶质构性的测定方法:样品测定在 25 ℃下进行,仪器操作条件为:采用 p0.5 探头,下压速度 50 mm/min,下压距离 12 mm。每个样品做 3 个平行实验,取平均值。TPA 的参数为穿刺模式。

(6) 扫描电镜的测定

采用扫描电镜可更精确地观察凝胶的微观结构。首先将凝胶样品切成尽可能薄的薄片(厚度 1~2 mm),然后步骤如下:

固定:浸泡在 pH =6.8 的 2.5% 戊二醛内过夜。

洗涤:洗涤样品 3 次(使用 pH = 6.8 的 0.1 mol/L 磷酸缓冲液),每次 10 min。

脱水:分别用浓度为 50%、70%、80%、90%的乙醇浸泡脱水,每次 10 min。

二次脱水:分别用 100% 乙醇脱水 3 次,每次 10 min。

脱脂:浸泡在三氯甲烷中 1 h。

置换:分别用 100% 乙醇:叔丁醇 =1:1 和叔丁醇置换一次,每次 15 min。

冷冻干燥:放入冷冻干燥仪中。

喷金:喷金前选择截面平缓的样品逐个粘贴在扫描电镜专用的台面上,表面喷金后待检。扫描观察:放大 1 000 倍,电镜加速电压为 5 kV。

第六章　几种典型蛋制品的加工与检测技术

蛋(尤其是鸡蛋)是一种营养丰富、价格相对低廉的常用食品。它的食用对象相当广泛,从4~5个月的婴儿一直到老人,都适宜食用鸡蛋。鸡蛋含有丰富的蛋白质,脂肪,维生素和铁、钙、钾等人体所需要的矿物质。鸡蛋中的蛋白质为优质蛋白,对肝脏组织损伤有修复作用,同时,鸡蛋富含卵磷脂,对神经系统和身体发育有利,能健脑益智,其所含的胆碱能改善记忆力,并促进肝细胞再生,另外,鸡蛋中还含有较多的B族维生素和丰富的硒元素,可以分解和氧化人体内的致癌物质,具有防癌作用。

第一节　几种典型蛋制品的加工技术

一、蛋的形成、结构、组成与营养

1.蛋的形成

各种禽蛋的形成过程大致相同,一般包括三个过程:卵细胞的生长、成熟和排卵,蛋的成形及蛋的产出。

(1)卵细胞的生长、成熟和排卵

这一过程发生在禽类的卵巢中。卵巢分为内外两层,内层为髓质,外层为皮质。皮质上长有很多大小不等的白色球状突起物,称为卵泡。每个卵泡包含着一个卵原细胞,是卵细胞的原始体,其发育成熟后即为卵细胞。成熟的卵细胞中含有大量的卵黄物质,表现出黄色,因此人们常把成熟的卵细胞称作卵黄。卵细胞的大小与达到成熟所需的时间长短有关。禽类进入产蛋期后时间越长,产出的卵细胞越大,在一个连产期中,第一个蛋的卵细胞也较以后所产的大。

家禽的排卵周期相对比较固定,鸡和鹌鹑一般为 24 h,鸭一般为 25～26 h。如母禽卵巢机能旺盛,而输卵管机能不活泼,则可能同时成熟 2～3 个卵细胞,故形成双黄蛋或三黄蛋,当情况相反时也可能有无黄蛋产生。

(2)蛋的成形

卵细胞(即卵黄)脱离卵巢进入输卵管,通过漏斗部、膨大部、峡部、子宫部和阴道部,同时形成蛋清、膜和蛋壳。

①漏斗部也称作喇叭口,分为漏斗区和管状区两部分,可使脱离卵巢的卵细胞被接纳入输卵管,卵细胞在管状区与精子结合受精。

②膨大部即蛋清分泌部,这一部分的管壁厚实而弯曲,腺体发达,卵细胞通过时被包上蛋清,在旋转前进中形成系带。

③峡部的功能是形成内外壳膜,把已经包上蛋清的卵细胞包围起来。

④子宫部即蛋壳分泌部,该部分肌肉壁较厚。大量碳酸钙及少量硫酸镁等无机物被分泌出,堆积而形成蛋壳。

⑤阴道部为狭窄的肌肉管道,开口于泄殖腔背壁的左侧,卵细胞到达此处时,已形成一个完整的蛋,只待产出体外。

(3)蛋的产出

在脑下垂体后叶分泌的催产素和加压素的作用下,子宫和阴道的肌肉收缩,阴道向泄殖腔外翻,迫使蛋产出体外。

2.禽蛋的结构

尽管各种禽蛋的大小不同,但其基本结构大致相同,一般是由蛋壳、壳膜、气室、蛋清、蛋黄和系带等组成。

(1)蛋壳部分

蛋壳部分包括外蛋壳膜、石灰质蛋壳和蛋壳下膜三部分。

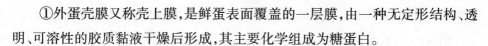

①外蛋壳膜又称壳上膜,是鲜蛋表面覆盖的一层膜,由一种无定形结构、透明、可溶性的胶质黏液干燥后形成,其主要化学组成为糖蛋白。

外蛋壳膜能封闭气孔,阻止蛋内水分蒸发、二氧化碳逸散及外部微生物侵入,但水洗、受潮或机械摩擦均易使其脱落。因此,该膜仅能短时间内保护蛋的质量。

②石灰质蛋壳厚度一般为0.3 mm左右,大多在0.27~0.37 mm范围之内。

由蛋壳内侧的乳头状层和外层的栅状层组成。乳头状层在不同厚度的蛋壳中均厚80 μm左右,不同蛋的差异主要决定于栅状层。栅状层越厚,蛋壳越厚,蛋壳的耐压强度也越高。

蛋壳上密布的孔隙,称为气孔,总数为1 000~12 000个,气孔外大内小,为禽胚发育时与外界气体交换之通道。然而在鲜蛋存放过程中,蛋内水分会通过气孔蒸发造成失重,微生物在外蛋壳膜脱落时,通过气孔侵入蛋内,加速蛋的腐败,加工再制蛋时,料液通过气孔浸入。因此,要根据需要,科学合理地对待气孔。

③蛋壳下膜:蛋壳下膜是由两层紧紧相贴的膜组成,外层紧贴石灰质蛋壳,称为外壳膜,内层包裹蛋清,称为内壳膜或蛋清膜。两层膜均为有机纤维组成的网状结构。外壳膜结构疏松,微生物能够直接穿过;内壳膜较为细密,微生物不易直接通过,只有当酶破坏膜后才能进入蛋清内。未产出的蛋,两层膜是紧贴在一起的。蛋离体后,由于外界温度低于动物的体温,蛋的内容物会收缩,多在蛋的钝端两层膜分开,形成一个双凸透镜似的空间,即为气室。气室的大小能够反映禽蛋的新鲜程度。

(2)蛋清部分

蛋清也称蛋白,是一种胶体物质,占蛋重的45%~60%,颜色为微黄色。

禽蛋蛋清分为四层,由外向内的结构是:第一层为外稀蛋清层,约占整个蛋清的23.3%,贴附在蛋清膜上;第二层为外浓蛋清层(也称中层浓厚蛋清层),约占整个蛋清的57.2%;第三层为内稀蛋清层,约占整个蛋清的16.8%;第四层为内浓蛋清层,也称系带膜状层,为一薄层,加上与之连为一体的两端系带,约占整个蛋清的2.7%。系带膜状层分为膜状部和索状部:膜状部包在蛋黄膜上,很难与蛋黄膜分开;索状部是系带膜状层沿蛋中轴向两端的螺旋延伸,为白色不透明胶体,它能固定蛋黄在蛋的中央。随存放时间延长,系带弹性下降,固定作用减弱。在加工蛋制品时,要将系带膜状层索状部除去。

(3)蛋黄部分

蛋黄位于蛋的中央,呈球状。包在蛋黄外周的一层透明薄膜称为蛋黄膜,厚约0.016 mm,其韧性随存放时间的增加而减弱,存放时间过长则稍遇振荡就会散黄。

蛋黄上部中央有一小白圆斑,在未受精时,圆斑呈云雾状,称为胚珠,直径1.6~3 mm。由于相对密度较小,一般浮于蛋黄的顶端。受精后的蛋,其胚胎发育已进行到相当程度,有明暗区之分,肉眼可见中央透明的小白圆斑,直径3~5 mm,称为胚盘。受精蛋的胚胎在适宜的外界温度下,很快就会发育,进而降低了蛋的耐储性和质量。

蛋黄由黄卵黄层和白卵黄层交替形成深浅不同的同心圆状排列,这是禽昼夜代谢率不同所致,其分明程度随日粮中所含叶黄素与类胡萝卜素的含量而异。

3.蛋的化学组成

(1)蛋的一般化学组成

家禽的种类、品种、饲养条件和产卵时间等决定蛋的化学组成。蛋的结构复杂,但同一品种蛋的基本成分差异不大。鸡蛋的水分含量高于水禽蛋的水分含量,而鸡蛋的脂类含量则低于水禽蛋的脂类含量。鸡蛋的缺点是胆固醇含量较高。

鸭蛋的营养价值和口味等虽不如鸡蛋,但鸭蛋的深加工制品却深受欢迎。

鹌鹑蛋是近年来迅速普及的一种营养性食品,其口味细腻、清香,营养成分全面,胆固醇含量低,具有独特的食疗作用,综合营养价值较高。

(2)蛋壳的化学成分

蛋壳主要由无机物组成,无机物占整个蛋壳的94%~97%,有机物占蛋壳的3%~6%,主要为蛋白质,属于胶原蛋白。蛋的种类不同,其蛋壳的化学成分也略有不同。

(3)蛋清的化学组成

蛋清是一种胶体物质,蛋白的结构和种类不同,其胶体状态也不同。水分大部分以溶剂形式存在,一小部分与蛋清结合,以结合水的形式存在;蛋中的蛋白质包括卵白蛋白、卵清蛋白(也称卵伴白蛋白)、卵黏蛋白、卵类黏蛋白、卵球蛋白 G_2 和 G_3、溶菌酶(G_1)、抗生物素蛋白、黄素蛋白等;蛋中的碳水化合物一种与蛋白质结合,约占蛋清的 0.5%;另一种以游离状态存在,约占蛋清的0.4%,其中葡萄糖占98%,剩余的是果糖、甘露糖、阿拉伯糖等,尽管这些糖类含量低,但与蛋白片、蛋白粉等制品的色泽密切相关;蛋中的脂肪含量只有0.02%,而矿物质种类较多,其中钾、钠、氯等离子含量较多,而磷和钙含量低于卵黄;蛋中的维生素主要是维生素 B_2,其他维生素含量较少。

(4)蛋黄的化学成分

蛋黄结构复杂,化学成分也极为复杂。蛋黄中的蛋白质大部分是脂蛋白,包括低密度脂蛋白、卵黄球蛋白、卵黄高磷蛋白和高密度脂蛋白。

蛋黄中的脂肪含量较多,占32% ~35%,其中真正脂肪所占的比例最大,其次是磷脂(包括卵磷脂、脑磷脂等),还有少量的固醇等。因蛋黄脂肪中不饱和脂肪酸较多,易氧化,因此在蛋制品保藏上,即使是蛋黄粉和干全蛋制品的贮存也应充分重视。

蛋黄呈黄色或橙黄色主要是因为禽蛋中含有较多的蛋黄色素,这些色素属脂溶性色素。蛋黄中还含有丰富的维生素,其中维生素 A、E、B_2、B_6 和泛酸较多,此外还含有维生素 D、K、B_1、B_{12} 和叶酸等。蛋黄中含1% ~1.5%的矿物质,其中以磷含量最为丰富,占无机成分总量的60%以上,钙次之,占13%左右,还含有铁、硫、钾、钠、镁等,其中含有的铁易被人体吸收。

4.蛋的营养价值

蛋的营养成分极其丰富,尤其含有人体所必需的优良的蛋白质、脂肪、类脂质、矿物质及维生素等营养物质,而且消化吸收率非常高,堪称优质营养食品。具体营养价值总结如下:

（1）蛋具有较高的热量

蛋的成分中约有 1/4 的营养物质具有热量。蛋中因糖含量较低,产生的热量较小,蛋具有的热量主要由其含有的脂肪和蛋白质所决定。

（2）蛋富含营养价值较高的蛋白质

衡量蛋白质营养价值的高低通常从蛋白质的含量、消化率、生物价和必需氨基酸的组成四个方面来评价。蛋的蛋白质在这些方面均达到了理想的标准。

①蛋的蛋白质含量仅低于豆类和肉类,而高于其他食物,属于蛋白质含量较高的重要食物。

②蛋白质消化率是指蛋白质可被消化酶分解的程度。蛋白质消化率越高,其被机体吸收利用的可能性就越大,其营养价值也就越高。按一般方法烹调食物时,各种食品的蛋白质消化率为:蛋类 98%,奶类 97% ~ 98%,肉类 92% ~ 94%,米饭 82%,面包 79%。由此可见,蛋类的蛋白质消化率很高,是其他许多食品无法比拟的。

③蛋白质的生物价可以评价蛋白质消化吸收后在体内被利用的程度。鸡蛋的蛋白质生物价高于其他动物性食品和植物性食品。

④必需氨基酸是人体需要而又不能自己合成,必须由食物提供的氨基酸。评定一种食物蛋白质营养价值高低时,应根据其 8 种必需氨基酸的种类、含量及相互间的比例来判定。蛋类蛋白质中所含的必需氨基酸不仅种类齐全、含量丰富,而且数量及其相互间的比例也非常接近人体的需要,是一种理想蛋白质。蛋经过适当加工（如加工为松花蛋等）后,其蛋白质营养价值将会得到进一步提高。

（3）蛋中含有极为丰富的磷脂

蛋中含有 11% ~ 15% 的脂肪,而脂肪中的不饱和脂肪酸占 58% ~ 62%,其中必需脂肪酸、油酸和亚油酸含量丰富。蛋中还富含磷脂和固醇类,其中的磷脂（卵磷脂、脑磷脂和神经磷脂）对人体的生长发育非常重要,是大脑和神经系统活动所不可缺少的重要物质。蛋中所含固醇是机体内合成固醇类激素的重要成分。

(4)矿物质和维生素

蛋中含有约1%的矿物质,其中钙、磷、铁等无机盐含量较高。相对其他食物而言,蛋黄中铁含量高,且消化吸收利用率达100%。因此,蛋黄是婴儿、幼儿及缺铁性贫血患者补充铁的良好食品。蛋中还含有丰富的维生素 A、D、B_1、B_2和烟酸等。

蛋中的蛋白质具有抗原活性,如果生吃蛋类,这些具抗原活性的蛋白质进入血液后,会使人体发生变态反应。但加热可以使这些蛋白质的抗原活性失活,消除其不利影响。因此,蛋类应熟吃,那种以为生鸡蛋更有营养价值的观点是错误的。据研究,生鸡蛋或未熟鸡蛋的消化率仅有50%～70%,而熟鸡蛋的消化率则达90%以上。

二、几种常见蛋制品的加工

1.溏心皮蛋

(1)原料和用具

原料:鲜鸭蛋、生石灰、硫酸铜、食盐、氢氧化钠(烧碱)、水、黄泥、红茶、稻壳等。

用具:陶缸、台秤或杆秤、照蛋器。

(2)工艺流程

选蛋→清洗→装缸
配料→验料→调整 } → 灌料→腌制→检查→出缸→包泥或涂膜→成熟→
成品

(3)工艺要点

①原料蛋的选择

一般以鸭蛋为原料蛋,有时也会用鹌鹑蛋或鸡蛋。加工前要认真选蛋,并按大小分级,按级别进行腌制。

A. 选蛋：按大小分级，便于投料，保证成熟一致。

B. 感官鉴别：剔除霉蛋、异味蛋、砂壳蛋、破壳蛋等。

C. 照蛋：剔除陈旧蛋。

D. 敲蛋：剔除裂纹蛋、薄壳蛋、钢壳蛋。

②配料

以30枚鸭蛋为例，需加水1 500 mL，氢氧化钠63 g，食盐52 g，红茶30 g，硫酸铜4.5 g。

具体方法如下：将除红茶外的其他辅料放入容器中，红茶加水煮茶汁，过滤茶渣，趁热将茶汁冲入放辅料的容器中，充分搅拌溶解，冷却待用。

③验料（料液的pH值测定）

滴定法：准确吸取4 mL料液，转入锥形瓶中，加入100 mL蒸馏水稀释，再加入10%的氧化钡溶液10 mL，摇匀，静置片刻后，加入3~5滴酚酞指示剂，用1 mol/L的标准盐酸溶液滴定至粉红色褪去，用所消耗盐酸的量计算料液氢氧化钠的百分含量。一般以4.2%~4.5%为宜，可根据蛋的大小及气温的高低进行适当调整。

④装缸、灌料

用缸腌制时，缸底先用稻草或谷壳铺底，防止蛋被压破。把选好的蛋放入缸内，装至离缸口15~17 cm，蛋打横摆放，为防止蛋上浮，上面加盖竹片。装好蛋后将调整好pH值的冷凉料液徐徐灌入，要求料液能把蛋全部淹没，缸口用塑料薄膜扎封。封好后，将陶缸置于20~25 ℃室内腌制，腌制期间温度应保持基本稳定，陶缸不能移动。

⑤检查

灌料后，室温要保持20~25 ℃，不能低于15 ℃，也不能超过30 ℃，在浸泡腌制过程中，通常需要进行三次检查。

第一次检查时间为鲜蛋下缸后第7天。用灯光透视，如果蛋黄贴蛋壳一边，类似鲜蛋的"红搭壳""黑搭壳"，蛋清呈阴暗状，说明凝固良好。将其剥开，如果发现蛋已凝固，但颜色未变，还像鲜蛋一样，说明料液太稀，要及时补料。如整个蛋大部分发黑，说明料液过浓，必须提早出缸。

第二次检查时间为鲜蛋下缸后第15天左右，剥壳检查，此时蛋清已经凝固，蛋清表面光洁，褐中带青，全部上色，蛋黄已变成褐绿色。

第三次检查时间为鲜蛋下缸后第 20 天左右,剥壳检查,蛋清凝固光洁,不粘壳,呈墨绿色和棕褐色,蛋黄呈绿褐色,蛋黄中线呈淡黄色溏心。此时如果出现蛋清烂头和粘壳现象,说明料液太浓,必须提早出缸。如发现蛋清软化,不坚实,表示料液较稀,宜推迟出缸时间。

溏心皮蛋成熟时间一般为 21~25 天,气温高则时间短些,气温低则时间稍长,经检查已成熟的皮蛋可以出缸。

⑥出缸、包泥或涂膜

蛋清凝固,硬实有弹性,蛋黄有 1/3~1/2 凝固,溏心颜色不再有鲜蛋的黄色时即可出缸。

出缸后将皮蛋用清水洗净,避光晾干,剔除破、次、劣质皮蛋,用残料拌和新鲜的泥土调成料泥,包裹在蛋上,然后再裹上一层谷壳,放入纸箱或竹筐中,室温下贮藏。也可用涂膜剂涂膜,装入纸箱或用小盒包装好在室温下避光贮藏。保存期间需注意不使料泥干裂,甚至脱落,否则会引起皮蛋变质。

⑦破、次、劣质皮蛋的剔除

观:观察皮蛋的壳色和完整程度,剔除蛋壳黑斑过多和裂纹蛋。

颠:将皮蛋放在手中抛颠起数次,好蛋有轻微弹性,反之则无。

摇晃:用手摇法,即用拇指和中指捏住皮蛋的两端,在耳边上下摇动,若听不出什么声响则说明是好蛋,若听到内部有水流的上下撞击声,即为水响蛋,若听到只有一端发出水声则说明是烂头蛋。

弹:用手指轻弹皮蛋两端,若发出柔软的"特""特"的声音则为好蛋,若发出比较生硬的"得""得"声即为劣蛋(包括水响蛋、烂头蛋等)。

透视:用灯光照射,如照出皮蛋大部分呈黑色(墨绿色),蛋的小头呈棕色,而且稳定不动者,即为好蛋。如蛋内有水泡阴影来回转动,即为水响蛋。如蛋内全部呈黄褐色,并有轻微移动现象,即为未成熟的皮蛋。如蛋的小头蛋白过红,即为碱伤蛋。

品尝:随机抽取样品皮蛋剥壳检验,先观察外形、色泽、硬度等情况;再用刀纵向剖开,观察其内部蛋黄、蛋清的色泽和状态;最后用鼻嗅、嘴尝,评定其气味、口感,了解皮蛋的质量,总结加工经验。

2. 咸蛋

(1) 原料和用具

原料:鲜鸭蛋或鸡蛋、食盐、黄泥、水等。

用具:小缸或小坛、台秤或杆秤、照蛋器、和泥容器。

(2) 加工方法

①盐水浸泡法

盐水腌蛋方法简单,操作方便,成熟较快。先用开水把食盐配成浓度为20%的盐水,待凉至20 ℃左右时,将经挑选合格的蛋洗净放入缸内浸泡,盐水一定要浸过蛋面,液面上用竹片压住。经15～20天便可腌成咸蛋。

②草木灰咸蛋法

每100枚蛋需草木灰2 kg、食盐0.6 kg、干黄土0.15 kg、水1.7～1.8 kg。

先将食盐和水放入拌料缸内,搅拌使食盐溶化后,分批加入筛过的草木灰和黄土,充分搅拌均匀使之成糊糊状且有黏性。将检验合格的蛋放在灰浆内翻滚一周,使蛋壳表面均匀粘上灰浆,为使包好料的蛋不互相粘连,取出放入灰盘内滚上一层干灰,但附着在蛋表面的干灰不可过厚,否则会吸干灰浆中的水分,影响咸蛋的成熟时间。滚好灰后,用手将灰料捏紧后放入缸或塑料袋中,封口,置阴凉通风室内30～40天即为成品。

③黄泥咸蛋法

每100枚蛋需食盐0.75 kg、干黄土0.85 kg、水0.4 kg。

黄土经捣碎过筛后,与食盐和水一同放入拌料缸内,用木棒充分搅拌成稀薄的糊状,其标准以将一个蛋放进泥浆,一半浮在泥浆上面,一半浸在泥浆内为合适,将检验合格的蛋放于泥浆中,使蛋壳全部粘满泥浆后,取出放入缸或塑料袋中,最后将剩余的泥浆倒在蛋上,盖好盖子封口,存放30～40天即为成品。

(3) 咸蛋质量鉴定

①透视检验

随机选取腌制到期的咸蛋,清洗后放到照蛋器上,用灯光透视检验。腌制好的咸蛋透视时,蛋内澄清透光,蛋清清澈如水,蛋黄鲜红并靠近蛋壳。转动蛋时,蛋黄随之转动。

②摇动检验

将咸蛋握在手中,放在耳边轻轻摇动,感到蛋清流动,并有水的声响即为成熟。

③除壳检验

随机选取咸蛋样品,清洗后打开蛋壳,倒入盘内,观察其组织状态,如果出现蛋清与蛋黄分明且蛋清呈水样、无色透明,而蛋黄坚实、呈朱红色即为成熟良好的咸蛋。

④煮制剖视

优良的咸蛋,煮熟后蛋壳完整,煮蛋的水洁净透明,煮熟后,用刀沿纵面切开观察,蛋清鲜嫩洁白,蛋黄坚实,呈朱红色,周围有露水状的油珠,品尝时咸淡适中、鲜美可口、蛋黄发沙。

3. 蛋肠

(1)原料

鲜鸡蛋 50 kg,湿蛋白粉 10 kg,葱汁 500 g,食盐 1.8 g,胡椒粉 60 g,温水(40 ℃左右)2.5 kg,肠衣若干。以上可按比例及个人口味调整。

(2)加工方法

①打蛋

将洗净的鸡蛋逐枚打开,倒入打蛋机的打蛋缸中,以 60 ~ 80 r/min 的转速打蛋 15 ~ 20 min。没有打蛋机可手工打蛋 30 ~ 35 min。掺入预混料后继续打 2 ~ 3 min,待用。

②灌制

将蛋混料通过灌肠机灌入肠衣内。有时也可用搅肉机取下筛板和搅刀,安上漏斗代替灌肠机。通常肠衣下端以细麻绳扎紧,装料后,上端也以细麻绳扎紧,并留有一绳扣,以便悬挂,每根肠长度为 30 cm。

③漂洗

灌制好的蛋肠,放在温水中漂洗,除去附着的污物,并逐根悬挂在特制的多用木杆上,以便蒸煮。

④蒸煮

将蒸槽内盛上半槽清水,加热至 85~90 ℃时将挂满蛋肠的木杆逐根摆放入槽,继续加热,并使水温恒定在 78~85 ℃,焖煮 25~30 min,蛋肠的中心温度达到 72 ℃以上,即可出锅。

⑤冷却

将煮好的蛋肠,连杆从蒸煮槽中取出,并排放在预先清洗消毒的杆架上,推至熟食品冷却间,使蛋肠的中心温度冷却至 17 ℃以下,蛋肠表面呈干燥状态,即为成品。

⑥包装

用于本地区销售的产品不包装,悬挂式保藏;用于外地销售的产品则用带有食用塑料内囊的食品纸箱进行包装。

⑦贮藏

悬挂式保藏的蛋肠,在温度低于 8 ℃、相对湿度为 75%~78% 的环境下可保存 5~6 天;包装外运的产品,置于 −13 ℃的冷库内,可贮存 6 个月。

4. 蛋清肠

蛋清肠具有清香味美、鲜脆利口、蛋白质含量高、食之不腻等特点,深受人们喜爱。

(1)原料

瘦猪肉 100 kg、蛋清 10 kg、白糖 1.5 kg、胡椒面 100 g、味精 100 g、食盐 2 kg、白面 3 kg、淀粉 3 kg、硝酸钠 50 g 等。

(2)加工方法

①原料整理、腌制

将猪的前后腿瘦肉去除筋腱后,切成长 7~8 cm、宽 2~3 cm 小块,按照配料比例将食盐、硝酸钠搅拌均匀,撒在肉面上,充分拌匀后放在 1~5 ℃冷库中,腌制 3～5 天。

②绞碎、拌馅

将腌制好的肉,用绞肉机绞碎(漏眼为 1.3～1.5 mm),按配料比例加入蛋清、调味料、白面、淀粉和适量的水充分搅拌。

③灌制

灌肠使用羊套管,如果内部有气泡,需用针将皮刺破放气,然后把口扎紧。

④烘烤

将灌制好的肠子吊挂,推入 65～80 ℃ 的烘房,烘烤 90 min,至肠外表面干燥,呈深核桃纹状,手摸无黏湿感觉时即可。

⑤煮制

将烘烤后的肠子放入 90 ℃ 的清水中煮 70 min 左右,用手捏时感到肠体挺硬、富有弹性时即煮制完成。

⑥熏制

将煮好的肠子放熏炉中进行熏制。熏制材料是锯末,把这些材料放在地面上摊平,用火点燃,关闭炉门,使其焖烧生烟,炉温保持在 70～80 ℃ 之间,时间为 40～50 min,待肠子熏至浅棕色时即可出炉为成品。

5. 无铅皮蛋

无铅皮蛋主要原料有鸭蛋、碳酸钠、氧化钙、食盐、草木灰、红茶、开水等,其需多道制作工序,口感独特。根据国家规定,无铅皮蛋要求每 1 kg 皮蛋中铅含量不得超过 0.5 mg。

(1)原料

鸭蛋 1 000 只,碳酸钠 1.25～1.75 kg、氧化钙 6.65 kg、食盐 2 kg、草木灰 17 kg(最好用桑柴灰 12.5～15 kg)、红茶 0.45～0.6 kg、开水 25 kg 等。

(2)加工方法

①煮茶汁

将红茶放入水中煮沸后,捞出或滤除茶叶渣。

②拌料

称量茶汁后放入不漏水的容器内,再逐步放入块状氧化钙。氧化钙放的速度不能太快,主要防止氧化剧烈,沸腾过猛,水溅出来烫伤操作者。当80%的氧化钙已溶化时,将碳酸钙、食盐全部加入容器里,并加入剩余的氧化钙,搅拌均匀,然后清除渣石。渣上黏附的配料,要用开水(或腌皮蛋用过的卤水)洗清。如渣石过多,应酌量补足氧化钙。洗渣石用的水应倒回容器内。

③拌草木灰

将配方中草木灰分两次倒入容器内,充分搅拌直至料泥起黏后,全部倒在水泥地面上摊凉。10～20 h后,料泥可冷至室温,结成团块。

④复拌

将上述料泥团块捣碎,并不断地搅拌,至料泥起黏后,放入缸内待用。每隔1 h要上下翻拌一次,防止卤液渗出。

⑤包泥

一手拿蛋,一手用刀刮料泥约30 g重,均匀地涂在蛋上,不能留有空白。

⑥滚糠

料泥包匀后,放入砻糠中滚一下,防止相互黏结。

⑦装缸

滚糠后的蛋,横放在缸内,放整齐,缸内不宜放得过满,上面留有空隙。缸口盖好后,还必须密封使之不漏气,然后贴上写有封缸日期的标签。

⑧贮存

密封后的蛋缸,放在阴凉处,以防日晒,温度15～20 ℃为宜。封缸后20天内不能搬动,以免影响蛋白质的凝固。贮存期间要定期抽样检查。一般情况下夏季约30天、春季约40天、秋季约50天、冬季约60天即可成熟。

6. 东北特色实蛋

实蛋是将鸡蛋蛋液与一定比例的食用碱搅拌混合再倒入保存完好的鸡蛋壳中,受热凝固而成的一种蛋制品。

(1)原料

鸡蛋、食用碱等。

（2）加工方法

将一定数量的鸡蛋从大头打开,倒入碗里,每 100 g 鸡蛋加 1 g 食用碱用温水调匀,将调好的碱水放入蛋液里,搅成橙色。把蛋液装入蛋壳(或模具),固定。开水蒸 10 min,拿出剥皮即可食用。

7. 冰蛋

冰蛋是鲜鸡蛋去壳、预处理、冷冻后制成的蛋制品。

（1）分类

冰蛋分为冰鸡全蛋、冰鸡蛋黄、冰鸡蛋清以及巴氏消毒冰鸡全蛋,其加工原理、方法基本相同。

（2）工艺流程

蛋液→搅拌→过滤→预冷(巴氏杀菌)→装听→急冻→包装→冷藏

（3）工艺要点

①装听
杀菌后的蛋液冷却至 4 ℃以下即可装听。装听的目的是便于速冻与冷藏。
②急冻
蛋液装听后,送入急冻间,并顺次排列在氨气排管上进行急冻。为便于冷气流通,放置时听与听之间要留有一定的间隙。
冷冻间温度应保持在 −20 ℃以下。冷冻 36 h 后,将听倒置,使听内蛋液冻结实,以防止听身膨胀,并缩短急冻时间。在急冻间温度为 −23 ℃以下时,速冻时间不超过 72 h。听内中心温度降到 −18 ~ −15 ℃,方可取出进行包装。在日本采用 −30 ℃以下的冻结温度进行急冻,以更好地抑制微生物的繁殖。
③包装
急冻好的冰蛋,应迅速进行包装。一般马口铁听用纸箱包装,盘状冰蛋脱盘后用蜡纸包装。

④冷藏

冰蛋包装后送至冷库冷藏。冷库内的库温应保持在 -18 ℃,同时要求库温保持恒定。

⑤解冻

冰蛋的解冻是冻结的逆过程。解冻的目的在于将冰蛋的温度回升到所需要的温度,使其恢复到冻结前的良好流体状态,获得最大限度的可逆性。

(4)冰蛋的解冻方法

①常温解冻是将冰蛋放置在常温下进行解冻。该法操作简单,缺点是解冻较缓慢,所需时间较长。

②低温解冻将冰蛋从冷库移到低温库解冻,国外常在 5 ℃ 以下的低温库中解冻 48 h 或在 10 ℃ 以下解冻 24 h。

③水解冻分为水浸式解冻、流水解冻、喷淋解冻、加碎冰解冻等。对冰蛋清的解冻主要应用流水解冻法,即将盛冰蛋的容器置入 15 ~ 20 ℃ 的流水中,可在短时间内解冻,而且能防止微生物的污染。

④加温解冻是把冰蛋移入 30 ~ 50 ℃ 的保温库中,可用风机连续送风使空气循环,在短时间内达到解冻目的。

⑤微波解冻能保持食品的色、香、味,而且微波解冻时间短,仅是常规时间的1/10。冰蛋采用微波解冻不会发生蛋白质变性,可以保证产品的质量。但是微波解冻法投资大,设备和技术水平要求较高。

上述解冻方法所需的解冻时间,取决于冰蛋种类。加盐冰蛋和加糖冰蛋冰点下降,解冻较快。一般冰蛋中,冰蛋黄的解冻时间较冰蛋清短。

在解冻过程中冰蛋的种类与解冻方法也会影响微生物的繁殖状况。例如,在同一室温环境下解冻,细菌总数在蛋黄中比蛋清中增加的速度快。同一种冰蛋,室温解冻时比流水解冻时的细菌数高。

8.沙拉酱

(1)原料

蛋黄、植物油(1 kg 蛋黄约需 6 kg 植物油)、白醋(1 kg 蛋黄约需 0.6 kg 白

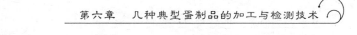

醋）、糖(1 kg 蛋黄约需 0.6 kg 糖)等。

(2)加工方法

①蛋黄打入碗中,加糖后用打蛋器打发,至蛋黄的体积膨胀,颜色变浅,呈浓稠状。此时,加入少许油,继续用打蛋器搅打,使油和蛋黄完全融合。

②缓慢多次加入少量油,边加入边用打蛋器搅拌。随着油的逐渐加入,蛋黄变得越来越浓稠,此时由于酱太浓,不易搅拌,需要添加一定量白醋,注意不要加太多,搅拌均匀。加入白醋以后,酱会变稀,继续少量多次添加油并搅拌。随着油的继续添加,酱又重新变得浓稠起来,当酱变得比较浓稠的时候,再添加少量白醋,重复上述过程,直到油和白醋都添加完,搅拌完成。

(3)注意事项

①沙拉酱里使用的植物油,最好是淡色无味的玉米油和葵花籽油等,不要选用味道重的花生油、山茶油等,会影响沙拉酱的味道。

②植物油少量多次加入,才能保证油和蛋黄完全乳化。

③最后一次加白醋的时候,要先观察一下酱的浓稠程度。白醋不一定按照比例全部加入,可以根据自己的喜好调节。

第二节　鲜蛋的检验

一、能力素养

熟练掌握鲜蛋的检验和鉴别方法。

二、知识素养

在适当的温度下,蛋会在一定时候孵化,幼体用口部上方的角质物凿开蛋壳,破壳而出。蛋的营养丰富,其价格低廉,而且可做成炖蛋、茶叶蛋、蛋糕等各式各样的美食。除此之外,蛋中的蛋清也可以作为自制护肤品的材料。所以自古蛋被视为营养补给的最佳来源。

三、分析原理

通过外观、照蛋、气室鉴定以及感官评价分析鲜蛋的品质。

四、仪器和试剂

1. 鸡蛋。

2. 食盐溶液:相对密度分别为 1.080、1.073、1.060。

3. 仪器和设备:照蛋器、蛋盘、测量标尺、蛋液杯、游标卡尺、打蛋台、天平等。

五、分析步骤

1. 外观鉴别法

用肉眼观察蛋的形状、大小、清洁度和蛋壳表面状态及完整性,新鲜蛋和陈蛋具有如下特点:

新鲜蛋:蛋壳完整、清洁,蛋型正常,无凸凹不平现象。蛋壳颜色正常,壳面覆有霜状粉层(外蛋壳膜)。

陈蛋或变质蛋:壳面污脏,有暗色斑点,外蛋壳膜脱落变为光滑,而且呈暗灰色或青白色。

2. 相对密度鉴定法

鸡蛋的相对密度平均为 1.084 5,蛋在存放或贮藏过程中,水分不断蒸发。水分蒸发的程度与贮藏的温度、湿度以及时间有关。因此,测定蛋的相对密度可推知蛋的新鲜程度。

方法:将蛋放于相对密度 1.080 的食盐溶液中,下沉者相对密度大于1.080,评定新鲜蛋。将上浮蛋再放于相对密度 1.073 的食盐溶液中,下沉者为普通蛋。将上浮蛋移入相对密度 1.060 的食盐溶液中,上浮者为陈蛋或变质蛋,下沉为合格蛋。但往往霉蛋也会具有新鲜蛋的相对密度。因此,相对密度鉴定法应配合其他方法使用。

3.灯光照检法

利用蛋有透光性的特点来照检蛋内容物的特征,不同质量的蛋在灯光的透视下有不同的特征表现,据此评定蛋的质量。

方法:用照蛋器观察蛋内容物的颜色、透光性能、气室大小、蛋黄位置等,看有无黑斑或黑块以及蛋壳是否完整。

不同品质蛋的光照特征如下:

新鲜蛋——蛋内呈均匀的浅红色。蛋黄暗影不能或微能看到,气室很小而不移动,蛋内无任何异点或异块。

热伤蛋——蛋清稀薄,蛋黄有火红感,在胚盘附近更明显,气室大。

靠黄蛋——蛋清透光程度较差,呈淡暗红色。转动时可见到一个暗红色影子始终上浮靠近蛋壳。气室较大。

贴壳蛋——靠黄蛋进一步发展成贴壳蛋,蛋黄贴在蛋壳上,蛋清稀薄,透光较差。蛋内呈暗红色,转动时有始终不动的暗影贴在蛋壳上。如果稍转动蛋,暗影(蛋黄)则与蛋壳离开而上浮,此为轻度贴壳蛋,否则为重度贴壳蛋。

散黄蛋——气室大小不一,如果属细菌散黄,则气室大。如散黄原因属机械振动,则气室小。散黄蛋光照时内容物呈云雾状,透光性较差。

霉蛋——某部位有不透光的黑点或黑斑,蛋清稀浓情况不一,气室大小不一。蛋黄有的完整,有的破裂。

老黑蛋——这类蛋的壳面呈大理石花纹状。除气室透光外,全部不透光。

孵化蛋——蛋内呈暗红色,有黑色移动影子,影子大小决定于孵化天数。有血丝,呈网状。

4.气室大小的测定

蛋在存放过程中,水分蒸发,气室随之增大。故测定气室的大小是判断蛋新鲜程度的指标之一。

方法:表示气室大小的方法有两种,即气室的高度和气室的底部直径大小。

气室的高度用测量标尺测量。将蛋的大头向上置于标尺半圆形切口内,读出气室两端各落在标尺刻度线上的刻度数,见图6-1,然后按式(6-1)计算:

$$H = \frac{H_1 + H_2}{2} \tag{6-1}$$

式中：

H——气室高度,mm；

H_1——气室左边的高度,mm；

H_2——气室右边的高度,mm。

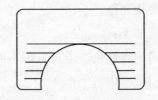

图6-1　气室高度测量标尺

另一种方法是用游标卡尺测量气室底部的直径。

5.蛋内容物的感官鉴定

加工蛋制品时必须对蛋的内容物进行感官鉴定。具体方法如下：

将蛋用适当的力量于打蛋刀上轻敲一下,注意不要把蛋黄膜碰破。切口应在蛋的中间,使打开后的蛋壳约为两等分。蛋液倒于水平面位置的打蛋台玻璃板上进行观察。

不同品质蛋液的特征：

新鲜蛋——蛋清浓厚而包围在蛋黄的周围,稀蛋清极少,蛋黄高高凸起,系带坚固而有弹性。

胚胎发育蛋——蛋清稀,胚盘比原来的增大,蛋黄膜松弛,蛋黄扁平,系带细而无弹性。

靠黄蛋——蛋清较稀,系带很细,蛋黄扁平,无异味。

贴壳蛋——蛋清稀,系带很细,轻度贴壳时,打开蛋后蛋黄扁平,但很快蛋黄膜自行破裂而散黄。重度贴壳时,蛋黄破裂而成散蛋黄。无异味。

散黄蛋——蛋清和蛋黄混合,浓蛋清极少或没有,轻度散黄者无异味。

霉蛋——除了蛋内有黑点或黑斑外,蛋内容物有的无变化,具备新鲜蛋的特征。有的则稀蛋清多,蛋黄扁平,无异味。

老黑蛋——打开后有臭味。

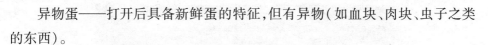

异物蛋——打开后具备新鲜蛋的特征,但有异物(如血块、肉块、虫子之类的东西)。

异味蛋——打开后具备新鲜蛋的特征,但有蒜味、葱味、酒味以及其他植物味。

孵化蛋——打开后看到有发育不全的胚儿及血丝。

6.蛋黄指数的测定

蛋黄指数用于表示蛋黄体积增大的程度。蛋越陈,蛋黄指数越小。新鲜蛋的蛋黄指数为 0.4 ~ 0.44。蛋黄指数达 0.25 时,打开即成散蛋黄。

$$蛋黄指数 = 蛋黄高度/蛋黄宽度$$

方法:将蛋打开倒于打蛋台的玻璃板上,用高度游标卡尺和普通游标卡尺分别量蛋黄高度和宽度。以卡尺刚接触蛋黄膜为松紧适度。

7.蛋清哈夫单位的测定

蛋清的哈夫单位,实际上是反映蛋清存在的状况。过去多采用测蛋清黏度的方式,但误差太大。新鲜蛋浓蛋清多而厚,反之,浓蛋清少而稀。

方法:称蛋重(精确到 0.1 g),然后用适当力量在蛋的中间部打开,将内容物倒在已调节在水平位置的玻璃板上,如图 6 - 2 所示,选距蛋黄 1 cm、浓蛋清最宽部分的高度作为测定点。将高度游标卡尺慢慢落下,当标尺下端与浓蛋清表面接触时,立即停止移动调尺,读出卡尺标示之刻度数。

根据蛋清高度与蛋重,按下列公式计算蛋清的哈夫单位。

$$Hu = 100 \log(H - 1.7\ m^{0.37} + 7.6) \tag{6 - 2}$$

式中:

Hu——哈夫单位;

H——蛋清高度,mm;

m——蛋的质量,g。

100、1.7、7.6——换算系数。

为了方便,可根据实测蛋清高度和蛋重,查表求得哈夫单位。

图 6-2　蛋清高度测定

六、结果分析

1.气室评定标准

最新鲜蛋:气室高度在 3 mm 以下。新鲜蛋:气室高度在 3 mm 以下、5 mm 以下。普通蛋:气室高度在 5 mm 以上、10 mm 以下。可食蛋:气室高度在 10 mm 以上。

2.蛋黄评定标准

新鲜蛋:蛋黄指数为 0.4 以上。普通蛋:蛋黄指数为 0.35～0.4。合格蛋: 蛋黄指数为 0.3～0.35。

3.哈夫单位评定

优质蛋:哈夫单位为 72 以上。中等蛋:哈夫单位为 60～70。次质蛋:哈夫 单位为 31～60。

第三节　蛋清中溶菌酶提取技术的研究

一、能力素养

1. 熟练掌握蛋清中溶菌酶的提取方法。

2. 熟悉溶菌酶的基本检测方法。

二、知识素养

溶菌酶($Lysozyme$，$1,4 - \beta - N -$溶菌酶）是一种专门作用于革兰氏阳性菌细胞壁中肽聚糖的$\beta - 1,4 -$糖苷键的水解酶，因而又称为胞壁质酶或者$N -$胞壁质聚糖水解酶。溶菌酶在临床上是有效的消炎剂，在食品防腐和基因工程等方面也有广泛的应用。

蛋清来源广泛，多数商品溶菌酶是从蛋清中提取的。由于溶菌酶理化性质比较稳定，分子质量、等电点等与蛋清中其他蛋白质有较大差异，可以采用常规方法科学组合，分离得到纯度较高、活性较强的溶菌酶。

三、分析原理

采用弱酸性阳离子交换树脂吸附和硫酸铵盐析法两步组合从蛋清中提取溶菌酶，并用透析法对其进行纯化，最后检测其抑菌活性。

四、仪器和试剂

1. 新鲜鸡蛋。

2. 其他：枯草芽孢杆菌、标准蛋清 Marker、724 树脂、浓缩胶、电极缓冲液、固定液、染色液、脱色液等。

3. 仪器和设备：电子天平、真空泵、超声振荡器、布氏漏斗、循环水式多用真空抽滤泵、玻璃棒、普通离心机、高速冷冻离心机、透析袋、磁力搅拌器、玻璃层析柱（20 mm×15 cm）、恒流泵、细滴管、水浴锅、Bio - Rad 垂直电泳系统（制胶系统、电泳槽)、脱色摇床、紫外 – 可见分光光度计、微量移液器等。

五、分析步骤

1. 提取溶菌酶

树脂预处理:干树脂清水浸泡,使其充分膨胀并除去细小颗粒和较大杂质;1 mol/L 的盐酸浸泡 2 h,去离子水洗 3 次至近中性;抽滤收集树脂,1 mol/L 的氢氧化钠溶液浸泡 2 h,去离子水洗 3 次至近中性;抽滤收集树脂,加 0.15 mol/L、pH 值为 6.5 的磷酸缓冲液平衡过夜待用。

蛋清制备:将 3 个新鲜鸡蛋洗净干燥,小端敲一个小洞,大端打一个小孔进气,分离得蛋清,用 1 mol/L 盐酸调节 pH 值到 7。过滤前称量烧杯重 48.7 g,缓慢搅拌,用灭菌的两层纱布过滤除去脐带块和碎蛋壳等,蛋清与烧杯总重 207.5 g,蛋清净重 158.8 g。用 1 mol/L 的盐酸溶液调 pH 值至 7,量蛋清体积 100 mL。在调节 pH 值时蛋清中出现少量白色沉淀,可能为部分蛋清局部过酸而变性。

吸附:蛋清在不断搅拌下加入抽滤好的 724 树脂 25 g(相当蛋清四分之一体积的树脂),冰水浴中磁力搅拌器缓慢搅拌(使树脂全部悬浮在蛋清中,搅拌不能起泡)吸附 2.5 h,4 ℃静置 1.5 h。然后 3 000 r/min 离心 15 min 分层,收集树脂,回收蛋清(留样 A)。

去除杂蛋白:收集树脂用去离子水振荡水洗直至洗液澄清(至无白沫为止),吸管轻吸去洗液,以去除杂蛋白。每洗 1 次,离心 1 次,总共 3 次。冰水浴中用等体积的 0.15 mol/L、pH =6.5 的磷酸缓冲液搅拌洗涤 15 min,抽滤,重复洗 3 次,注意防止树脂流失。最后一次抽滤滤除树脂水分至干燥。

洗脱溶菌酶:树脂中加入 35 mL 的 10% 硫酸铵溶液搅拌洗脱 30 min,抽滤,将溶菌酶从树脂上洗脱下来,重复 2 次,合并收集洗脱液(留样 A),洗脱液过滤后,准确量取体积 100 mL(留样 B)。

盐析:每 83 mL 洗脱液加 32 g 磨细的固体硫酸铵,本实验中总量为 38.55 g。缓慢加入硫酸铵搅拌待完全溶解后保鲜膜封口,置于 4 ℃冰箱盐析过夜。

透析:待白色沉淀析出,3 000 r/min 离心 15 min,收集沉淀,用去离子水将沉淀洗下并全部溶解(4.5 mL 去离子水),装于透析袋中,于去离子水中透析

（冰水浴），期间 2 次更换去离子水，直至用氯化钡检测透析完全。透析装置于磁力搅拌器上搅拌加快透析速度。

去杂蛋白：取出透析袋中的透析液，用 0.1 mol/L 盐酸调整 pH＝4.6，产生少量白色沉淀（留样 D），可能为杂蛋白。3 000 r/min 离心 10 min，收集上清液（留样 C 20 μL）。

浓缩：用 1 倍去离子水将盐析物溶解成稀糊状，装入透析袋中，在装有聚乙二醇的试管中吸水浓缩，收集浓缩液。

透析除盐、去碱性蛋白：4 ℃条件下，用去离子水透析 24 h 左右，离心除去透析袋中沉淀，向透析清液中慢慢加入 1 mol/L 氢氧化钠溶液，同时不断搅拌，使 pH 值上升至 8～9，如有白色沉淀，则离心去除。

冷冻干燥：用 3 mol/L 盐酸调 pH 值至 5，冷冻干燥。即得白色片状溶菌酶。

2. 溶菌酶的检测

溶菌酶得率：收集冷冻干燥后得到的白色粉末，称重。

纯度检测：采用 SDS－聚丙烯酰胺凝胶电泳方法。①凝胶板的制备：用 30% 分离胶贮液、pH 值为 8.9 的分离胶缓冲液、10% 浓缩胶贮液、pH 值为 6.7 的浓缩胶缓冲液、10% SDS、1% TEMED、重蒸馏水、10% APS 溶液配制而成。②溶菌酶的处理：用磷酸缓冲液点样于凝胶板上。③电泳：电流为 10 mA，时间 4 h。④固定、染色和脱色：电泳完毕，将胶板从玻璃板上取下，分别在固定液与染色液中浸泡 10～30 min，用水漂洗干净。再用脱色液脱色。

溶菌酶活力测定：①菌悬液的制备。将培养 24 h 的枯草芽孢杆菌用无菌水从培养基上洗下，4 000 r/min 离心 20 min，弃去上清液。用冷丙酮洗涤，4 000 r/min 离心 20 min. 不溶物即为菌体。取 5 mg 菌体，加入 30 mL 0.1 mol/L pH 值为 6.2 的磷酸缓冲液，制备菌悬液，于波长 450 nm 处测定吸光度。②酶液的制备。称取溶菌酶粉末 5 mg，用 0.1 mol/L pH 值为 6.2 的磷酸缓冲液配成 1 mg/mL 的酶液。使用时稀释 20 倍。③活力测定：将酶液和底物悬液分别置于 25 ℃水浴保温 10～15 min，吸取菌悬液 2.8 mL，然后加入酶液 0.2 mL，迅速摇匀。每隔 1 min 测定 1 次 A_{450} 值，共测 4 次，计算酶的活力单位。

六、结果分析

溶菌酶采用 SDS－聚丙烯酰胺凝胶电泳进行纯度检测。根据标准蛋清

Marker 的条带来看,处于最下面的分子质量约为 14.4 kD 的条带即为溶菌酶的条带,比较颜色深浅和样品的杂条带,分析样品纯度与含量。一般加样量越大颜色越深,同时颜色的深浅与染料的选择及浓度和染色时间有关。

第四节　蛋及蛋制品中菌落总数的测定

一、能力素养

1. 掌握蛋及蛋制品中细菌总数的测定原理和测定意义。
2. 能够评价蛋及蛋制品的品质。

二、知识素养

食品中微生物菌落总数指食品样品经过处理,在一定的条件下培养后,所得 1 mL 或 1 g 样品中所含菌落的总数,主要作为食品被污染程度的标志,常用平板计数法。细菌总数是评价蛋及蛋制品重要的卫生指标之一。

三、分析原理

细菌总数是指 1 mL 或 1 g 样品中所含细菌菌落的总数,所用的方法是平板计数法,由于计算的是平板上形成的菌落数(CFU),故其单位应是 CFU/g(mL)。它反映的是样品中活菌的数量。

四、仪器和试剂

1. 主要材料

食品样品或水。

2. 主要试剂

(1)营养琼脂培养基

将胰蛋白胨 5 g、酵母浸膏 2.5 g、葡萄糖 1 g、琼脂 15 g、蒸馏水 1 000 mL 煮沸溶解,调节 pH = 7 ± 0.2。分装于试管或锥形瓶,121 ℃高压灭菌 15 min。

(2)无菌生理盐水

称取 8.5 g 氯化钠溶于 1 000 mL 蒸馏水中,121 ℃高压灭菌 15 min。

(3)无菌 1 mol/L 氢氧化钠

称取 40 g 氢氧化钠溶于 1 000 mL 蒸馏水中,121 ℃高压灭菌 15 min。

(4)无菌 1 mol/L 盐酸

取浓盐酸 90 mL,用蒸馏水稀释至 1 000 mL,121 ℃高压灭菌 15 min。

3. 仪器和设备

(1)高压灭菌锅、超净工作台、恒温培养箱、酸度计以及天平等。

(2)无菌锥形瓶、无菌玻璃涂布棒、无菌吸管、接种环、试管、杜氏小管、酒精灯、无菌培养皿、显微镜、血细胞计数板等。

五、分析步骤

1. 样品的处理

(1)半固体样品

称取 25 g 样品置盛有 225 mL 磷酸盐缓冲液或生理盐水的无菌均质杯内,8 000 ~ 10 000 r/min 均质 1 ~ 2 min,或放入盛有 225 mL 稀释液的无菌均质袋中,用拍击式均质器拍打 1 ~ 2 min,制成 1∶10 的样品匀液。

(2)液体样品

以无菌吸管吸取 25 mL 样品置盛有 225 mL 磷酸盐缓冲液或生理盐水的无菌锥形瓶（瓶内预置适当数量的无菌玻璃珠）中,充分混匀,制成 1:10 的样品匀液。

2.检测

(1)基本流程

如图 6-3 所示。

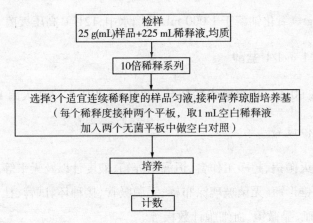

图 6-3　菌落总数检测流程图

(2)培养

待琼脂凝固后,将平板翻转,36±1 ℃培养 48±2 h。水产品 30±1 ℃培养 72±3 h。

(3)菌落计数

可用肉眼观察,必要时用放大镜或菌落计数器,记录稀释倍数和相应的菌落数量。菌落数以 CFU 表示。

选取菌落数在 30～300 CFU 之间、无蔓延菌落生长的平板记录菌落总数。

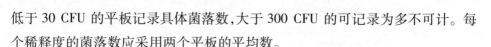

低于 30 CFU 的平板记录具体菌落数,大于 300 CFU 的可记录为多不可计。每个稀释度的菌落数应采用两个平板的平均数。

其中一个平板有较大片状菌落生长时,不宜采用,而应以无片状菌落生长的平板记录该稀释度的菌落数;若片状菌落分布不到平板的一半,而平板另一半中菌落分布又很均匀,即可计数半个平板后乘以 2,代表一个平板菌落数。

当平板上出现菌落间无明显界线的链状生长时,则将每条单链作为一个菌落计数。

六、结果分析

1. 结果与报告

(1)稀释度的选择及菌落总数报告

示例如表 6 - 1 所示。

表 6 - 1　稀释度的选择及菌落总数报告方式示例

序号	稀释度及菌落数			两稀释度之比	菌落总数/ (CFU·g^{-1}或 CFU·mL^{-1})	报告菌落总数/ (CFU·mL^{-1}或 CFU·g^{-1})
	10^{-1}	10^{-2}	10^{-3}			
1	多不可计	164	20	—	16 400	16 000 或 1.6×10^4
2	多不可计	295	46	1.6	37 750	38 000 或 3.8×10^4
3	多不可计	271	60	2.2	27 100	27 000 或 2.7×10^4
4	多不可计	多不可计	313	—	313 000	310 000 或 3.1×10^5
5	27	11	5	—	270	270
6	0	0	0	—	<10	<10
7	多不可计	305	12	—	30 500	31 000 或 3.1×10^4

(2)计算方法

若只有一个稀释度平板上的菌落数在适宜计数范围内,计算两个平板菌落数的平均值,再将平均值乘以相应稀释倍数,作为每克(毫升)样品中菌落总数结果。若有两个连续稀释度的平板菌落数在适宜计数范围内时,计算方法如式

（6-3）所示。

$$CFU = \frac{\sum C}{(n_1 + 0.1n_2)d} \qquad (6-3)$$

式中：

CFU——样品中菌落总数；

C——平板（含适宜菌落数的平板）菌落数之和；

n_1——第一稀释度（低稀释倍数）平板个数；

n_2——第二稀释度（高稀释倍数）平板个数；

d——稀释因子（第一稀释度）。

若所有稀释度的平板上菌落数均大于 300 CFU，则对稀释度最高的平板进行计数，其他平板可记录为多不可计，结果按平均菌落数乘以最高稀释倍数计算。

若所有稀释度的平板菌落数均小于 30 CFU，则应按稀释度最低的平均菌落数乘以稀释倍数计算。

若所有稀释度（包括液体样品原液）的平板均无菌落生长，则以小于 1 乘以最低稀释倍数计算。

若所有稀释度的平板菌落数均不在 30 ~ 300 CFU 之间，其中一部分小于 30 CFU 或大于 300 CFU 时，则以最接近 30 CFU 或 300 CFU 的平均菌落数乘以稀释倍数计算。

（3）报告表述

菌落数小于 100 CFU 时，按"四舍五入"原则修约，以整数报告。

菌落数大于或等于 100 CFU 时，第 3 位数字采用"四舍五入"原则修约后，取前 2 位数字，后面用 0 代替位数；也可用 10 的指数形式来表示，按"四舍五入"原则修约后，采用两位有效数字。

若所有平板上为蔓延菌落而无法计数，则报告菌落蔓延。

若空白对照上有菌落生长，则此次检测结果无效。

称重取样以 CFU/g 为单位报告，体积取样以 CFU/mL 为单位报告。

（4）示例

检测结果示例见表 6-2。

表6-2　检测结果示例

稀释度	10^{-2}（第一稀释度）	10^{-3}（第二稀释度）
菌落总数（CFU）	232,244	33,35

代入式(6-4)得：

$$N = \frac{232 + 244 + 33 + 35}{(2 + 0.1 \times 2) \times 10^{-2}} = \frac{544}{0.022} = 24\ 727 \qquad (6-4)$$

上述数据修约后，表示为 25 000 或 2.5×10^4。

2. 注意事项

（1）检验中所需的玻璃仪器必须是完全无菌的。

（2）检样的稀释液可用灭菌生理盐水或蒸馏水；每递增稀释一次，必须另换一支 1 mL 无菌移液管。

第五节　两种典型蛋白质功能特性的测定与比较

一、能力素养

1.熟悉典型蛋白质的功能特性。

2.能够评价、对比植物性蛋白质与动物性蛋白质功能的区别与联系。

二、知识素养

蛋白质的功能性质是指在加工、贮藏和消费过程中蛋白质使食品产生特征的那些物理、化学性质。

三、分析原理

大豆分离蛋白功能的卓越性与它的高活性化学基团是分不开的，这些功能涉及乳化、凝胶、起泡性等等，而蛋清蛋白属于典型的全蛋白，因此也表现出明显的蛋白质功能特性,可比较二者的区别与联系。

四、仪器和试剂

1.大豆色拉油(食品级)、大豆分离蛋白(已制备)、鸡蛋。

2.牛血清白蛋白(BSA):标准品。

3.考马斯亮蓝 G250。

4.十二烷基硫酸钠(SDS)。

5.硫酸铵、氯化钠、氢氧化钠、盐酸、水溶性色素等。

6.仪器和设备:

(1)25 mm×40 mm 的密封玻璃瓶。

(2)紫外-可见分光光度计。

(3)高速分散均质机。

(4)感量为 1 mg 和 0.1 mg 的分析天平以及磁力搅拌器等。

五、分析步骤

1.溶解性的测定

(1)标准曲线绘制

取 0.01 g BSA 配制成浓度为 1 mg/mL 的 BSA 溶液。吸取 1 mg/mL 的 BSA 溶液 0 mL、0.1 mL、0.2 mL、0.3 mL、0.4 mL、0.5 mL 分别加入 6 支 10 mL 的试管中,再分别加入 1 mL、0.9 mL、0.8 mL、0.7 mL、0.6 mL、0.5 mL 的蒸馏水,即配制出 0~0.5 mg/mL 的 BSA 溶液。再另取 6 支 10 mL 试管,取 0.1 mL 不同浓度的 BSA 溶液分别与 5 mL 100 μg/mL 考马斯亮蓝 G250 溶液加入 6 支试管后混匀再静置 2 min,测定静置后溶液在 595 nm 处的吸光度。分别以 BSA 浓度和吸光度为横纵坐标绘制标准曲线。

(2)上清液蛋白质含量测定

利用磁力搅拌器将待测的冻干样品 2 g 充分溶解于 50 mL 蒸馏水,在 10 000 r/min 条件下离心 15 min,保留上清液。取 100 μg/mL 考马斯亮蓝 G250

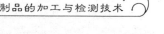

溶液 5 mL 与 0.1 mL 上清液混匀再静置 2 min,测定静置后溶液在 595 nm 处的吸光度。在测定吸光度前,需用考马斯亮蓝 G250 溶液进行调零。

(3)总蛋白含量测定

凯氏定氮法测定总蛋白含量。

(4)大豆分离蛋白与蛋清蛋白的水溶性观察

取 4 支试管,各加入 0.1~0.2 g 大豆分离蛋白,分别加入 5 mL 水、5 mL 饱和氯化钠、5 mL 1 mol/L 氢氧化钠、5 mL 1 mol/L 盐酸,摇匀,在温水浴中温热片刻,观察大豆分离蛋白在不同溶液中的溶解度。向第 1、2 支试管加入 3 mL 饱和硫酸铵溶液,析出大豆球蛋白沉淀;向第 3、4 支试管中分别加入 1 mol/L 氢氧化钠、1 mol/L 盐酸中和至 pH = 4~4.5,观察生成的沉淀,分析大豆分离蛋白的溶解度以及 pH 值对大豆分离蛋白溶解度的影响。

在 50 mL 的小烧杯中,加入 0.5 mL 蛋清蛋白、5 mL 水,摇匀,观察其水溶性、有无沉淀生成。再向溶液中逐滴加入饱和氯化钠溶液,摇匀,得到澄清的蛋白质的氯化钠溶液。取上述蛋白质的氯化钠溶液 3 mL,加入 3 mL 饱和硫酸铵溶液,观察球蛋白沉淀析出,再加入粉末硫酸铵至饱和,摇匀,观察蛋清蛋白从溶液中析出,分析蛋清蛋白在水中及氯化钠溶液中的溶解度以及蛋白质沉淀的原因。

2. 起泡性与起泡稳定性

(1)数值表征

称取一定质量的大豆分离蛋白冻干样品配制成浓度为 1% 的溶液,取 20 mL 该浓度的大豆分离蛋白溶液倒入 100 mL 的烧杯中,在转速为 10 000 r/min 的条件下用高速分散均质机不间断搅打 2 min,搅打结束后立即测量此时的泡沫高度(记为 h_1),30 min 后再次测定其泡沫高度(记为 h_2)。

以蛋清蛋白溶液替代大豆分离蛋白,依上法测定。

(2)性质观察

在 3 只 250 mL 的烧杯中各加入 50 mL 2% 的蛋清蛋白溶液,一份用磁力搅拌器连续搅拌 1~2 min，一份用玻璃棒不断搅打 1~2 min，另一份用玻璃管不断鼓入空气 1~2 min。观察各自泡沫的生成，根据泡沫的多少及泡沫稳定时间的长短，评价不同的搅打方式对蛋白质起泡性的影响。

取 2 只 250 mL 的烧杯，各加入 50 mL 2% 的蛋清蛋白溶液，一份放入水中或冰箱中冷至 10 ℃，一份保持 30~35 ℃，同时以相同的方式搅打 1~2 min，观察泡沫产生的数量及泡沫稳定性有何不同。

取 3 只 250 mL 的烧杯，各加入 30 mL 2% 的蛋清蛋白溶液，一份加入 0.5 g 酒石酸，一份加入 0.1 g 氯化钠，以相同的方式搅打 1~2 min，观察泡沫产生的数量及泡沫稳定性有何不同。

以大豆分离蛋白替代蛋清蛋白，依上法观察。

3. 乳化活性与乳化稳定性

将 8 mL 0.1% 的大豆分离蛋白溶液加入 2 mL 大豆色拉油，高速分散均质机 10 000 r/min 搅打 1 min 后，立即于容器底部取样 50 μL，加入 5 mL 0.1% 的 SDS 溶液中，混匀后于 500 nm 处测定吸光度，以 SDS 溶液作为空白。室温放置 10 min 后再次取样测定乳化活性和乳化稳定性。

取蛋清蛋白 5 g，置于 250 mL 的烧杯中，加入水 95 mL、氯化钠 0.5 g，用磁力搅拌器搅匀，边搅拌边滴加植物油 10 mL，滴加完后，强烈搅拌 5 min，使其充分分散成均匀的乳状液，静置 10 min，等泡沫大部分消除后，取出 10 mL 加入少量水溶性色素染色，不断搅拌直到染色均匀，取一滴乳状液在显微镜下仔细观察，被染色部分为水相，未被染色部分为油相，根据显微镜下观察所得到的染料分布情况，确定该乳状液是水包油型还是油包水型。

4. 凝胶的测定

(1)凝胶的制备

将大豆分离蛋白溶液（120 mg/mL）溶解于去离子水中，将溶液放置在 25 mm×40 mm 的密封玻璃瓶中，90 ℃ 水浴中加热，30 min 后将样品取出，在冰浴中冷却至室温，在 2~4 ℃ 条件下冷藏 12 h，制备好的凝胶进行测定前需放在室温下平衡 30 min。以蛋清蛋白替代大豆分离蛋白，依上法制备凝胶。

(2)凝胶质构鉴定

①凝胶强度:采用 TA – XTplus2 质构仪进行测定,样品测定在 25 ℃进行,仪器操作条件采用 P0.5 探头,下压速度 50 mm/min,下压距离 12 mm。每个样品做三个平行实验,取平均值。

②典型压力测试:操作条件采用 P50 探头 TPA 模式。

(3)基本性状观察

①取 1 mL 蛋清蛋白于试管中,加 1 mL 水和几滴饱和氯化钠溶液至溶液澄清,放入沸水浴中,加热片刻,观察凝胶的形成。

②在 100 mL 烧杯中,加入 2 g 大豆分离蛋白、40 mL 水,在沸水浴中加热并不断搅拌均匀,稍冷,将其分成 2 份,一份加入 5 滴饱和氯化钙溶液,另一份加入 0.1 ~ 0.2 g δ – 葡萄糖酸内酯,放置于温水浴中数分钟,观察凝胶的生成。

③取一支试管,加入 0.5 g 明胶和 5 mL 水,水浴中温热溶解形成黏稠溶液,冷却,观察凝胶的生成。

六、结果分析

1.溶解氮指数(NSI)

计算如式(6 – 5)所示。

$$NSI = \frac{\text{上清液蛋白质含量}}{\text{总蛋白含量}} \times 100\% \qquad (6-5)$$

当符合精密度所规定的要求时,取三次平行测定的算术平均值作为结果,结果保留小数点后三位。

2.起泡性(FC)与起泡稳定性(FS)

(1)起泡性的计算如式(6 – 6)所示。

$$FC = \frac{h_1 - 20}{20} \times 100\% \qquad (6-6)$$

(2)泡沫稳定性的计算如式(6 – 7)所示。

$$FS = \frac{h_2 - 20}{h_1 - 20} \times 100\% \qquad (6-7)$$

当符合精密度所规定的要求时,取三次平行测定的算术平均值作为结果,结果保留小数点后三位。

3. 乳化活性(EAI)及乳化稳定性(ESI)

分别按式(6-8)、(6-9)计算。

$$EAI(m^2/g) = \frac{2 \times 2.303}{c \times (1 - \varphi) \times 10^4} \times A_0 \times 稀释倍数 \qquad (6-8)$$

$$ESI = \frac{A_{10}}{A_0} \times 100\% \qquad (6-9)$$

式中:

c——样品浓度,g/mL;

φ——乳化液中油相的比例,0.25;

A_0——初始乳化液的吸光度;

A_{10}——10 min 后的吸光度。

当符合精密度所规定的要求时,取三次平行测定的算术平均值作为结果,结果保留小数点后三位。

4. 凝胶值的表示

凝胶强度以仪器直接检测最大值 N 表示,凝胶质构以其弹性、黏性、咀嚼性、回弹性等表示。

当符合精密度所规定的要求时,取三次平行测定的算术平均值作为结果,结果保留小数点后三位。

第六节　蛋黄中卵磷脂的提取、纯化与鉴定

一、能力素养

1. 熟练掌握从鲜鸡蛋中提取卵磷脂的原理与方法。
2. 掌握卵磷脂鉴定的原理与方法。

二、知识素养

　　磷脂是一类含有磷酸的脂类,机体中主要含有甘油磷脂和鞘磷脂两大类,前者由甘油构成,后者由神经鞘氨醇构成。磷脂具有由磷酸相连的取代基团(含氨碱或醇类)构成的亲水头和由脂肪酸链构成的疏水尾。在生物膜中磷脂的亲水头位于膜表面,而疏水尾位于膜内侧。磷脂是重要的两亲物质,是生物膜的重要组分,是重要的乳化剂和表面活性剂。

　　磷脂根据氨基醇的不同可分:磷脂酰胆碱(卵磷脂,PC)、磷脂酰乙醇胺(PE)、磷脂酰丝氨酸(PS)、磷脂酰肌醇(PI)、磷脂酰甘油(PG)以及双磷脂酰甘油(心磷脂)六类。

　　蛋黄卵磷脂属动物胚胎磷脂,含有大量的胆固醇和甘油三酯及人体不可缺少的营养物质和微量元素。卵磷脂是生命的基础物质,存在于机体的每个细胞中,在脑及神经系统,血液循环系统,免疫系统以及肝、心、肾等重要器官中含量较高。卵磷脂也被誉为与蛋白质、维生素并列的"第三营养素"。蛋黄卵磷脂可将胆固醇乳化为极细的颗粒,这种微细的乳化胆固醇颗粒可透过血管壁被组织利用,而不会使血液中的胆固醇含量增加。

三、卵磷脂的提取与基本纯化

1. 分析原理

卵磷脂是生物体组织细胞的重要成分,主要存在于大豆等植物组织以及动物的肝、脑、脾、心、卵等组织中,尤其在蛋黄中含量较多(8% ~ 10%)。卵磷脂和脑磷脂均溶于乙醚而不溶于丙酮,利用此性质可将其与中性脂肪分离;卵磷脂能溶于乙醇而脑磷脂不溶,利用此性质又可将卵磷脂和脑磷脂分离。

卵磷脂本身为白色,与空气接触后,其所含的不饱和脂肪酸会被氧化从而使卵磷脂呈黄褐色。卵磷脂被碱水解后可分解为脂肪酸盐、甘油、胆碱和磷酸盐,生成的甘油与硫酸氢钾共热,可产生具有特殊臭味的丙烯醛;生成的磷酸盐在酸性条件下与钼酸铵作用,能够生成黄色的磷钼酸沉淀;生成的胆碱在碱的进一步作用下生成无色且具有鱼腥气味的三甲胺。因此还可以通过对分解产物的检验对卵磷脂进行鉴定。

2. 试剂及仪器

(1)鲜鸡蛋。

(2)钼酸铵溶液:将6 g钼酸铵溶于15 mL蒸馏水中,加入5 mL浓氨水,另外将24 mL浓硝酸溶于46 mL的蒸馏水中,两者混合静置一天后再用。

(3)其他:95%乙醇、乙醚、丙酮、氯化锌、无水乙醇、滤纸、10%氢氧化钠、3%溴的四氯化碳溶液、红色石蕊试纸、硫酸氢钾。

(4)仪器和设备:感量为1 mg和0.1 mg的分析天平、蛋清分离器、恒温水浴锅、蒸发皿、漏斗、磁力搅拌器、量筒等。

3. 分析步骤

(1)样品的粗提

①方法一

将10 g蛋黄放入洁净的具塞锥形瓶中,加入95%乙醇40 mL,搅拌15 min后,静置15 min;然后加入10 mL乙醚,再次搅拌15 min后,静置15 min;过滤;

滤渣进行二次提取,加入乙醇与乙醚的混合液(体积比为 3∶1)30 mL,搅拌、静置一定时间,第二次过滤,合并两次滤液,加热浓缩,再加入一定量的丙酮除杂,沉淀即为卵磷脂粗品。

②方法二

将 10 g 蛋黄置于小烧杯中,加入温热的 95% 乙醇 30 mL,边加边搅拌均匀,冷却后过滤。如滤液仍然混浊,可多次过滤直至滤液透明。将滤液置于蒸发皿内,于水浴锅中蒸干(或用加热套蒸干,温度可设为 140 ℃左右),所得干物质即为卵磷脂。

(2)样品的纯化

用无水乙醇溶解一定量的卵磷脂粗品,得到约 10% 的乙醇粗提液,加入相当于卵磷脂质量 10% 的氯化锌水溶液,室温搅拌 0.5 h,分离沉淀物;加入适量冰丙酮(4 ℃)洗涤,搅拌 1 h,再用丙酮反复冲洗,直到丙酮洗液为近无色为止,得到白色蜡状的精卵磷脂,干燥,称重。

(3)测定

经准确称量,依质量法加以测定。

4. 结果分析

计算结果以重复性条件下获得的两次独立测定结果的算术平均值表示,绝对差值不得超过这两次测定算术平均值的 10%。结果保留小数点后三位。

四、卵磷脂性质的测定

1. 分析原理

依据卵磷脂的基本性质,考察其溶解度,并对其进一步鉴定,以熟悉其性质。

2. 试剂及仪器

(1)试剂同卵磷脂的提取与基本纯化。

（2）仪器和设备同卵磷脂的提取与基本纯化。

3.分析步骤

（1）卵磷脂的溶解性

取干燥试管，加入少许卵磷脂，再加入 5 mL 乙醚，用玻璃棒搅动使卵磷脂溶解，逐滴加入丙酮 3～5 mL，观察实验现象。

（2）三甲胺的检验

取干燥试管一支，加入少量提取的卵磷脂以及 2～5 mL 10% 氢氧化钠溶液，放入水浴中加热 15 min，在管口放一片红色石蕊试纸，观察颜色有无变化，并嗅其气味。将加热过的溶液过滤，滤液留用。

（3）不饱和性检验

取干净试管一支，加入 10 滴上述滤液，再加入 1～2 滴 3% 溴的四氯化碳溶液，振摇试管，观察产生的现象。

（4）磷酸的检验

取干净试管一支，加入 10 滴上述滤液和 5～10 滴 95% 乙醇溶液，然后再加入 5～10 滴钼酸铵溶液，观察现象。最后将试管放入热水浴中加热 5～10 min，观察有何变化。

（5）甘油的检验

取干净试管一支，加入少许卵磷脂和 0.2 g 硫酸氢钾，用试管夹夹住并在小火上略微加热，使卵磷脂和硫酸氢钾混熔，然后集中加热，待有水蒸气放出时，嗅有何气味产生。

4.结果分析

(1)基本现象

①卵磷脂的溶解性现象

加入丙酮后可明显看到烧杯中不断形成白色絮状物质,达到一定量后不会再增加。

②三甲胺的检验现象

在管口放一片红色石蕊试纸,观察到石蕊试纸变蓝,有一种腥味。

③不饱和性检验现象

出现分层,溴的四氯化碳溶液出现在下层,呈油滴状。

④磷酸的检验现象

加热前溶液混浊,加热后溶液变澄清。

⑤甘油的检验现象

有刺激难闻的气味产生,类似烤猪皮味。

(2)注意事项

①本实验中的乙醚、丙酮及乙醇均为易燃药品,氯化锌具腐蚀性。

②实验中要细致、耐心。

第七章　几种典型乳制品的
加工与检测技术

乳中主要含有水、脂肪、蛋白质、乳糖和矿物质,还含有色素、酶、维生素和磷脂以及气体等。乳中除去水和气体之外的物质称为干物质(DS)或乳的总固形物。乳中的水和气体占87%,剩余13%为干物质,干物质在水中处于悬浮还是溶解状态,主要看这些物质在水相中的分散系统。乳中蛋白质种类有几百种,但多数含量较低,乳中的蛋白质主要为酪蛋白、乳清蛋白等,其中,酪蛋白是乳中一大类蛋白质的总称。酪蛋白分子中存在大量亲水基、疏水基以及电离化基团,因此由酪蛋白形成了比较特殊的分子聚合物,该分子聚合物由数百乃至数千个分子构成,可形成胶体溶液。

牛乳中含有 Ca^{2+}、Mg^{2+}、K^+、Fe^{3+} 等阳离子和 PO_4^{3-}、SO_4^{2-}、Cl^- 等阴离子,此外还有碘、铜、锌、锰等微量元素。大自然中钙的存在形式是化合态,钙只有被动植物吸收后才具有生物活性,才能被人体更好地吸收利用。牛乳中的活性钙含量丰富,是人类最好的钙源之一,1 L 新鲜牛乳大约含有 1 250 mg 活性钙,约是大米的 101 倍、瘦猪肉的 110 倍、瘦牛肉的 75 倍,牛乳除了具有钙含量高的优点外,其所含的乳糖能促进人体肠壁对钙的吸收(吸收率高达98%),能够很好地调节体内钙的代谢,维持血清钙浓度,增进骨骼的钙化。

本章的乳均指牛乳。

第一节　几种典型乳制品的加工技术

一、乳的组成与基本性质

1. 脂肪

通过显微镜可以观察到乳脂是由漂浮在乳中的大小不同的粒子构成的众多脂肪球，它是乳中最大的颗粒，直径为 $0.1 \sim 10$ μm，大部分脂肪球的直径为 0.3 μm，1 mL 全乳中有 20 亿 ~ 40 亿个脂肪球。乳中脂肪含量与脂肪球平均直径呈正相关，脂肪含量越高，脂肪球直径越大。脂肪球是乳中最大但又最轻的颗粒。电子显微镜下观察到的乳脂肪球为圆形或椭圆形，表面被一层 $5 \sim 10$ nm 厚的膜所覆盖，该膜即为脂肪球膜，它由蛋白质和磷脂构成，能够保护脂肪球不被乳中的酶所破坏，同时使脂肪球稳定地存在于乳中。然而，遭到机械搅拌或化学物质的作用后，乳脂肪球就会相互聚结。奶油的生产和乳中含脂率的测定就是利用了这一原理。

乳中的脂肪酸分为水溶性挥发性脂肪酸（丁酸、乙酸等）、非水溶性挥发性脂肪酸（十二碳酸等）以及非水溶性不挥发性脂肪酸（十四碳酸、二十碳酸、十八碳烯酸和十八碳二烯酸等）。

2. 蛋白质

蛋白质是乳中主要的含氮化合物，在乳中的含量为 3% $\sim$ 3.5%。乳的含氮化合物中蛋白质占 95%，剩余 5% 为非蛋白态含氮化合物。乳中的蛋白质主要有酪蛋白和乳清蛋白两大类，还含有少量脂肪球膜蛋白质。酪蛋白是在 20 ℃ 的环境下，脱脂乳的 pH 值被调节为 4.6 时沉淀的一类蛋白质，占乳蛋白总量的 80% $\sim$ 82%，在全乳中约占 2.6%，纯净的酪蛋白为白色，不溶于水，显酸性。酪蛋白不是单一的蛋白质，而是由 αs -、β -、κ -、和 γ - 酪蛋白组成。αs - 酪蛋白含磷多，因此又叫磷蛋白。含磷量对皱胃酶的凝乳作用影响较大。γ - 酪蛋白含磷量极少，因此，γ - 酪蛋白几乎不能被皱胃酶凝固。根据对热的敏感性，乳清蛋白分为热不稳定和热稳定两种,当 pH = 4.6 ~ 4.7 时,煮沸 20 min 后发生沉淀的一类蛋白质为热不稳定的乳清蛋白,约占乳清蛋白的81%,该蛋白包括乳白蛋白和乳球蛋白两类;对热稳定的乳清蛋白约占乳清蛋白的 19%。另外,还有一些吸附于脂肪球表面的蛋白质与酶的混合物即脂肪球膜蛋白,包含脂蛋白、碱性磷酸酶和黄嘌呤氧化酶等。这些蛋白质可用洗涤的方法分离出来。

3.乳糖

乳糖是哺乳动物乳汁中特有的糖类。牛乳中乳糖的含量为 4.2% ~5%,呈溶解状态。乳糖在泌乳末期和患乳房疾病的牛的乳中含量较低。乳糖是一种双糖,是由 D – 葡萄糖与 D – 半乳糖以 β – 1,4 糖苷键连接而成,因其分子中有羧基,因此属于还原糖。乳糖是常见糖中溶解度最低的一类糖,25 ℃下在水中溶解度仅为 17.8%。乳糖的甜度也较低,是蔗糖的 1/30。

部分人随着年龄增长,会出现乳糖不耐受,具体表现为消化道内缺乏乳糖酶,不能分解和吸收乳糖,饮用牛乳后会出现呕吐、腹胀、腹泻等不适应症。乳糖酶缺乏程度不同,因而症状也有所差异。在乳制品加工中利用乳糖酶或乳酸菌将乳糖分解转化,可预防乳糖不耐受。

乳糖在乳酸菌作用下会分解,这是因为乳酸菌产生乳糖酶,它能把乳糖分子分解成中间产物,同时乳酸菌中的其他酶还会继续分解这些中间产物,最终将其转化成各种酸,其中乳酸最重要,该过程实际上是乳糖的乳酸发酵。

4.乳中的无机物

乳中的无机物也称矿物质,含量为 0.35% ~1.21%,平均为 0.8% 左右,主要有磷、钙、镁、氯、钠、硫、钾等,此外还有一些微量元素。通常乳中钙盐和钾盐含量最高,然而,乳中无机物的含量随牛泌乳期及个体健康状态等因素而变化。在牛濒临泌乳末期或患乳房疾病时,其乳中氯化钠含量显著升高,从而使牛乳具有咸味,同时其他盐的含量降低。

5.乳中的维生素

乳含有几乎所有已知的维生素。乳中的维生素包括脂溶性维生素 A、D、E、

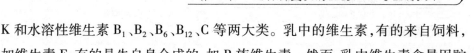

K 和水溶性维生素 B_1、B_2、B_6、B_{12}、C 等两大类。乳中的维生素,有的来自饲料,如维生素 E;有的是牛自身合成的,如 B 族维生素。然而,乳中维生素含量因贮存和加工的损失而大大改变。

6. 乳中的酶类

乳中的酶包括水解酶和氧化还原类酶。其中,水解酶包括脂酶、磷酸酶和蛋白酶等,氧化还原类酶包括过氧化氢酶和过氧化物酶等。

7. 乳中的生物活性物质

免疫球蛋白(Ig)是一类具有抗体活性或化学结构与抗体相似的球蛋白。乳中含有免疫球蛋白 IgG1、IgG2、IgGM 和 IgGA。初乳中含有非常丰富的球蛋白和清蛋白,可以增强抵抗疾病的能力。α - 乳白蛋白、β - 乳球蛋白和血清白蛋白等都是热敏性的生物活性物质,其变性温度为 60 ~ 72 ℃。

人乳和牛乳中含有两种铁结合蛋白,即运铁蛋白(Tf)和乳铁蛋白(Lf)。乳铁蛋白和运铁蛋白是初乳形成阶段、泌乳期、干乳期和患乳房炎期间牛乳房腺体分泌物中主要的糖蛋白。Lf 的相对分子质量是 77 000 ± 2 000,是一种铁结合糖蛋白,1 分子 Lf 能结合两个铁离子,含 15 ~ 16 个甘露糖、5 ~ 6 个半乳糖、10 ~ 11 个乙酰葡萄糖胺,其中中性糖 8.5%,牛 Lf 的等电点为 8,比人 Lf 高 2 个 pH 单位。它的氨基酸中谷氨酸、天冬氨酸、亮氨酸和丙氨酸含量较高,除少量半胱氨酸外,几乎不含其他含硫氨基酸,其 N 端为丙氨酸,由单一肽链构成。乳清 Lf 和初乳 Lf 有相同的性质,其主体呈无柄银杏叶并列状结构,铁离子结合在两叶的切入部位。

脯氨酸多肽(PRP):脯氨酸多肽因富含脯氨酸肽(22%)而得名,具有免疫调节功能,可增加皮肤血管的渗透性。

吗啡样活性肽:来自酪蛋白的吗啡样活性肽与吗啡一样,具有镇静、催眠、抑制呼吸、调节胃蠕动、调节免疫系统的作用。

抗血栓肽:乳中的 κ - 酪蛋白与人血纤维蛋白原 γ - 链在结构上具有相似性,这些肽可抑制血小板的凝集和血纤维蛋白原结合到 ADP 激活的血小板上。

酪蛋白磷酸肽:可与 Ca^{2+} 结合形成可溶性复合物,防止在中性到偏碱性的小肠环境内不溶性磷酸钙的沉淀,还可与铁、锰、铜等形成有机磷酸盐,作为矿物质元素的载体。

二、几种常见乳制品的加工技术

1.酸奶的制作

(1)原料和用具

原料:鲜乳、糖、乳酸菌种等。

用具:玻璃瓶等。

(2)加工方法一

制作工艺主要包括配料、预热、均质、杀菌、冷却、接种、灌装(用于凝固型酸奶)、发酵、冷却(搅拌:用于搅拌型酸奶)、包装和后熟几道工序,变性淀粉在配料阶段添加,其应用效果的好坏与工艺的控制有密切关系。

①配料:根据要求选取鲜乳、糖和稳定剂等原料。变性淀粉可以在配料时单独添加,也可与其他食品胶类干混后再添加。鉴于淀粉和食品胶类大都为亲水性极强的高分子物质,混合添加时最好与适量糖拌匀,在高速搅拌状态下溶解于热乳(55~65 ℃,具体温度的选择视变性淀粉的使用说明而定),以提高其分散性。

②预热:目的为提高下道工序(即均质)的效率,预热温度的选择以不超过淀粉的糊化温度为宜(避免淀粉糊化后在均质过程中颗粒结构被破坏)。

③均质:是指对乳脂肪球进行机械处理,使其成较小的脂肪球并均匀一致地分散在乳中,在均质阶段物料受到剪切、碰撞和空穴三种效应的力。变性淀粉由于经过交联变性耐机械剪切能力较强,可以保持完整的颗粒结构,有利于维持酸奶的黏度和形态。

④杀菌:通常采用巴氏杀菌,乳品厂普遍采用95 ℃、300 s的杀菌工艺,变性淀粉在此阶段充分膨胀并糊化,形成黏度。

⑤冷却、接种和发酵:变性淀粉是一类高分子物质,仍然保留一部分原淀粉的性质,即多糖的性质。在酸奶所处的pH值环境下,菌种不能降解淀粉,从而使淀粉能够维持体系的稳定。当发酵体系的pH值降至酪蛋白的等电点时,酪

蛋白变性凝固,生成酪蛋白微胶粒,与水相连的三维网状体系骨架成凝乳状,此时糊化了的淀粉可以充填骨架之中,束缚游离水分,维护体系稳定。

⑥冷却、搅拌和后熟:搅拌型酸奶冷却的目的是快速抑制微生物的生长和酶的活性,主要是防止发酵过程产酸过度及搅拌时脱水。

由于原料来源较多,变性程度不同,不同的变性淀粉应用于酸奶制作中的效果也不相同。因此可以根据对酸奶品质的不同需求选用相应的变性淀粉。

具体操作步骤为:

①玻璃瓶等消毒灭菌:玻璃瓶在高压蒸汽灭菌 30 min,接种室需紫外线灭菌 50 min,接种工具应高压蒸汽灭菌 30 min。

②鲜乳灭菌:把鲜乳装入加热罐,并加入 10% ~ 12% 的糖,在 85 ~ 90 ℃下灭菌 30 min 或用其他方法灭菌。无论采用哪种方法都不应该破坏鲜乳原有的营养成分,灭菌后冷却。在灭菌前或灭菌过程中最好除去上层油脂,使乳脱脂。

③接种。温度低于 43 ℃的灭菌乳分装于无菌玻璃瓶中,按乳 2% ~ 4% 的接种量在接种室内接种并搅拌均匀,注意罐装要满,不留空隙,接好后立即封口,以保证乳酸发酵的厌氧条件,温度维持在 40 ℃左右,发酵 4 ~ 6 h,然后再送入 0 ~ 5 ℃的冷藏室内进行冷藏后熟 8 ~ 10 h,即可上市销售。酸奶经后熟产生酯类物质,具有特殊的芳香气味。冷藏的作用:一方面可防止酸度增加,防止杂菌污染;另一方面可使质地结实,利于乳清回收,从而提高酸奶质量的稳定性。整个过程要注意无菌操作,工作人员要穿无菌工作服,戴无菌手套、口罩,手要清洗干净,一定要防止杂菌污染。

④质量标准。优质酸奶外观呈乳白色或稍带黄色,表面光滑,凝乳结实,组织细腻,质地均匀,允许有少量乳清析出,无气泡,酸甜适度,不能有其他异味。如果酸奶中出现气泡或瓶盖上鼓或有其他异味,说明鲜乳在发酵过程中已被杂菌污染不能食用。如凝乳很少、乳清分离,甚至出现大量悬浮物并有臭味,说明菌种衰退严重或菌种已被杂菌污染,应停止使用。如菌种衰退,可把衰退的菌种在斜面培养基上培养,重新进行提纯复壮,再进行繁殖,即可得到优良的生产种。

(3)加工方法二(自制酸奶)

①将乳倒入小锅中,小火加热至 70 ℃左右,然后离火晾至温热。

②将准备装酸奶的容器用开水冲烫消毒后晾凉。

③将晾好的乳倒入消过毒的容器内,如果温度太高还要晾凉一些,略有温热即可倒入。

④将乳和酸奶搅拌均匀。

⑤盖好盖子,放在约40 ℃(乳酸菌最适宜的温度是42 ℃)环境中,时间4~6 h(具体时间受温度、乳的品质、菌种数量、乳活性等影响而定),待凝固立即放入冰箱冷藏保存一夜。

⑥吃的时候加糖、蜂蜜、水果、果酱均可。

(4)**注意事项**

①将乳加热是为了去除杂菌,使发酵更加容易。也可以直接将乳与酸奶混合。但容器要用开水冲烫。

②添加酸奶(菌种)的比例越高,凝固速度越快。

③按此法做好的酸奶是凝固型的,呈果冻状,搅拌均匀后会和市售的酸奶状态一样。

④做好的酸奶表面会有少量乳清析出,拌匀即可。

⑤酸奶发酵好后应立即放入冰箱,防止发酵过度影响口感,在冰箱放置约一夜的时间后,经过后熟的过程,酸奶口味会更好。

⑥糖可以在加热乳时加入,加热时糖更易融化。也可以在食用时添加,更容易控制糖的添加量。

⑦自制的酸奶可以作为菌种再使用一次,但由于自己制作容易沾染杂菌,因此最多只能再做一次菌种使用。

⑧出现乳清的原因:乳酸菌的活性不够;发酵和保存过程中容器晃动;发酵温度过高使发酵过度,酸度过高。

2.奶豆腐的制作

(1)原料和用具

原料:鲜乳、酿造白醋。

用具:容器、纱布等。

（2）加工方法

①将挤好的鲜乳倒入容器（过去一般使用瓦缸，现在一般使用铁制桶）。放置阴凉处大约24 h会酸化凝固。

②固化的酸奶上面会有一层天然形成的奶油，去除奶油层，剩余的酸奶备用。

③将酸奶在锅里慢火煮沸，煮的同时水分会被分离。

④去除水分的酸奶慢慢会僵化、发黏，应不停搅动，搅动的同时温度要高，使酸奶完全融化。

⑤把融化好的酸奶倒入准备好的木制模里，硬化。阴凉处放置24 h左右。

⑥硬化24 h后的奶豆腐，从木制模里取出，放在阴凉通风的地方进行干燥即可。

第二节　原料乳的收购

一、能力素养

熟练掌握原料乳收购的基本理化指标。

二、知识素养

原料乳通常指生鲜乳，即从奶牛乳房挤出的未经过任何处理的生牛乳。优质、安全的原料乳要求不添加任何额外的水和其他物质，不存在安全隐患，乳成分含量要达到国家规定的标准。

三、原料乳的验收标准

我国的原料乳质量标准包括理化指标、感官指标及细菌指标。

1. 理化指标

理化指标只有合格指标，不再分级。我国规定原料乳验收时的理化指标为:脂肪(%)≥3.10,蛋白质(%)≥2.95,密度(20 ℃/4 ℃)≥1.028 0,酸度(以乳酸表示,%)≤0.162,杂质度($\times 10^{-12}$)≤4,汞($\times 10^{-11}$)≤0.01,六六六、DDT($\times 10^{-12}$)≤0.1。

2. 感官指标

不分级。正常乳为乳白色或微带黄色,不得有红色、绿色或其他异色,不能含有肉眼可见的异物,不得有苦、咸、涩的滋味和饲料、青贮、霉变等异常气味。

3. 细菌指标

细菌指标可采用平板培养法、亚甲基蓝还原褪色法等,分别按各自指标进行评级;两者只允许用一个,不能重复。细菌指标分为四个级别。

表7-1　原料乳平板培养法的分级指标

分级	平板培养法细菌总数分级指标/(万个·毫升$^{-1}$)
一级	≤50
二级	≤100
三级	≤200
四级	≤400

表7-2　亚甲基蓝还原褪色法的分级指标

褪色时间	乳中的细菌数/(万个·毫升$^{-1}$)	分级
5 h 30 min 以上	≤50	一级
2~55 h	50~400	二级
20 min~2 h	400~2 000	三级
20 min 以内	≥2 000	四级

关于"生鲜乳",我国标准规定,感官指标、理化指标不分级,细菌指标可分为一、二、三、四级。

此外,许多乳品收购单位还规定有下述情况之一不得收购:

①产犊前15天内的末乳和产后7天内的初乳;

②乳颜色有变化,呈红色、绿色或显著黄色;

③乳中有肉眼可见杂质;

④乳中有凝块或絮状沉淀;

⑤乳中有畜舍味、苦味、霉味、臭味、涩味、煮沸味及其他异味;

⑥用抗生素或其他对乳有影响的药物治疗期间,母牛所产的乳和停药后3天内的乳;

⑦添加有防腐剂、抗生素和其他有碍食品卫生的成分的乳;

⑧酸度超过20°T 的乳。

四、原料乳的检验

原料乳的品质直接影响乳制品的风味、保藏性能等。

我国原料乳验收分为现场验收、入厂验收。

现场验收主要进行感官检验(检测味觉、外观等),测量温度、相对密度,做乙醇实验(判断酸度),等等,要求快速。

入厂验收主要检测脂肪率、酸度、干物质、杂质和细菌总数等。严格检验后应进行分级。

1. 感官检验

根据我国原料乳收购的质量标准,在验收时首先要进行感官检验。主要项目有色泽、组织状态、气味等,即对鲜乳进行嗅觉、味觉、外观、杂质等的鉴定。

正常乳为乳白色或微带黄色,不能含有肉眼可见的异物,不能有红、绿等异色,不得有苦、涩、咸的滋味和饲料、青贮、霉等异味,要具有良好的流动性,不得呈黏稠状。

2. 乙醇实验

乙醇实验:以68%、70%或72%的中性乙醇与原料乳等量混合,摇匀,无凝块出现的为合格乳,出现凝块的为不合格乳。

乙醇实验的目的是观察鲜乳的抗热性,乙醇实验是现场收购鲜乳时广泛使用的一种方法。

通过乙醇的脱水作用,确定酪蛋白的稳定性。鲜乳对乙醇的作用表现得相对稳定,而不新鲜的乳中蛋白质胶粒已呈不稳定状态,当受到乙醇脱水作用时,其聚沉速度加快。

乙醇浓度不同,所检测标准也不同。乙醇实验结果可判断出鲜乳的酸度,从而判定原料乳的新鲜程度。当鲜乳存放过久或贮存不当时,乳中微生物繁殖分解营养成分,乳中的酸度会升高,乙醇实验易出现凝块,可参见表7-3。

乳中钙盐增高时,在乙醇实验中,酪蛋白胶粒脱水失去溶剂化层,使钙盐容易和酪蛋白结合,形成酪蛋白酸钙沉淀。

表7-3　不同浓度乙醇实验的酸度

乙醇浓度/%	不出现絮状物的酸度
68	20°T 以下
70	19°T 以下
72	18°T 以下

不同酸度的原料乳可合理利用:

——淡炼乳的原料乳,用70%乙醇实验。

——甜炼乳的原料乳,用72%乙醇实验。

——乳粉的原料乳,用68%乙醇实验。

——酸度超过22°T的原料乳,只能供制造工业用的干酪素和乳糖等。

3. 亚甲基蓝还原褪色与刃天青实验

是检查原料乳新鲜程度的有效而可行的方法。

亚甲基蓝还原褪色实验:乳中的还原酶是细菌活动的产物,乳的细菌污染越严重,产生的还原酶数量越多,还原酶越多则亚甲基蓝褪色越快,可以亚甲基蓝褪色时间间接地推断出鲜乳中的细菌数。

该法除可迅速地间接推断细菌数外,对白细胞及其他细胞的还原作用也敏感,因此,还可检验异常乳(乳房炎乳及初乳或末乳)。

刃天青实验与亚甲基蓝还原褪色实验的原理相同。

4. 测定温度和相对密度

测定乳相对密度是为了判断乳的成分含量,测定温度主要是辅助校正相对密度。

我国鲜乳的相对密度测定采用比重计。

有的国家规定,送到乳品厂的原料乳温度不得超过 10 ℃,否则要降价。国际乳业联盟(IDF)认为乳在 4.4 ℃保存最佳,10 ℃稍差,15 ℃以上时乳的质量受影响,可参见表 7 - 4。

我国国家标准规定,验收合格的原料乳应迅速冷却至 4~6 ℃,贮存期间不得超过 10 ℃。

表 7 - 4　优质牛乳中的细菌生长情况　　　　　　单位:CFU/mL

贮存温度	刚挤下的牛乳	24 h 后	48 h 后	72 h 后
4.4 ℃	4 000	4 000	5 000	8 000
15 ℃	4 000	1 600 000	33 000 000	326 000 000

5.滴定酸度

滴定酸度就是用相应的碱中和鲜乳中的酸性物质,根据碱的用量确定鲜乳的酸度和热稳定性。一般用 0.1 mol/L 氢氧化钠滴定,计算乳的酸度。

利用该法测定酸度虽然准确,但现场检验时受到限制,故常采用乙醇实验来判断鲜乳的酸度。

6.细菌总数、体细胞数、抗生素检验

一般现场收购原料乳不做细菌总数和体细胞数检验,但在加工之前,必须检验,以确定原料乳的质量和等级。如果是加工发酵制品的原料乳,必须做抗生素检查。

(1)细菌总数检验

方法有亚甲基蓝还原褪色实验、平板培养法及直接镜检法等。

直接镜检法(费里德氏法)是利用显微镜直接观察确定鲜乳中微生物数量的一种方法。取一定量的乳样,在载玻片上涂抹一定的面积,经过干燥、染色,镜检观察细菌数,根据显微镜视野面积,推断出鲜乳中的细菌总数,而非活

菌数。

直接镜检法比平板培养法判断结果更迅速,通过观察细菌的形态,还能推断细菌数增多的原因。

(2)体细胞数检验

正常乳中的体细胞多数来源于上皮组织的单核细胞,如有明显的多核细胞出现,则可判断为异常乳。

常用的方法有直接镜检法(同细菌总数检验)或加利福尼亚细胞数测定(GMT)法。GMT法是根据细胞表面活性剂的表面张力而实施的,体细胞在遇到表面活性剂时,会收缩凝固。体细胞越多,凝集状态越强,出现的凝集片越多。

(3)抗生素检验

①氯化三苯基四氮唑(TTC)法:如果鲜乳中有抗生素残留,则在被检乳样中接种细菌进行培养,细菌不能增殖,此时加入的指示剂 TTC 保持原有的无色状态(未经过还原)。反之,如果没有抗生素残留,接种细菌就会增殖,使 TTC 还原,被检乳样变成红色。即被检乳样保持鲜乳的颜色为阳性,被检乳样变成红色为阴性。

②纸片法:将指示菌接种到琼脂培养基上,然后将浸过被检乳样的纸片放于培养基上,进行培养。如果被检乳样中有抗生素残留,则抗生素会向纸片的四周扩散,阻止指示菌的生长,在纸片的周围形成透明的阻止带,根据阻止带的直径,可判断抗生素的残留量。

7.乳成分的测定

近年来随着分析技术的发展,出现了很多高效率的乳品检验仪器与方法,如采用光学法测定乳脂肪、乳蛋白、乳糖及总干物质,并已开发使用各种微波仪器。

①微波干燥法测定总干物质(TMS 法)

通过 2 450 MHz 的微波干燥牛奶,并自动称量、记录乳中总干物质的质量,该法测定速度快,准确,便于指导生产。

②红外线乳全成分测定

通过红外线分光光度计，自动测出乳中的脂肪、蛋白质、乳糖三种成分。红外线通过乳时，乳中的脂肪、蛋白质、乳糖减弱了红外线的波长，红外线波长的减弱率可反映出三种成分的含量。该法测定速度快，但设备成本高。

③MT‑102 型乳成分测定仪

超声波在液体介质中传播时，其传播衰减和辐射阻抗等性质与介质有关。声速、传播衰减等与液体介质的浓度在一定范围内存在线性关系。因此，我们可以用超声法测定液体介质中的声速或传播衰减来计算液体介质的浓度。对多组分液体介质，如果各组分的相互作用可忽略的话，可以建立多变量模型同时测定多个组分的浓度。

液体介质中存在气泡时，超声波散射增加，使测量精度降低甚至无法测量，因此，应用超声波测量的原则就是不能有气泡混入检测系统。

五、原料乳的以质论价

通常在牛场仅对乳的质量做一般评价，在到达乳品厂后通过若干实验对其成分和卫生质量进行测定。

目前不同乳品收购单位对原料乳质量的检测，大体有四种情况：

（1）检测杂质、相对密度、酸度，以确定等级。使用企业为数不少。

（2）以"脂"论价，除检测相对密度和酸度外，使用乳脂测定仪检测含脂率，按含脂率高低划分等级计价。正大量推广。

（3）除含脂率外，检测非脂乳固体（蛋白质、乳糖等）的含量，计算出总干物质含量，定出标准乳价，分别加权计算，列出数据变动计价表，作为分级计价的依据。已经在一部分大城市郊区试行。

（4）除对上述理化指标进行检测外，还进行细菌总数、体细胞数等生物指标检测及抗生素检测，分级计价，严重超标者拒收。仅在少数地方或企业试行。

第三节 乳相对密度的测定

一、能力素养

熟练掌握乳相对密度的测定方法。

二、知识素养

乳的相对密度指 15 ℃时一定容积的乳与同容积、同温度的水的质量比。乳的相对密度随着挤乳时间的变化而变化,通常在 1 h 内最低,其后逐渐上升。

三、分析原理

比重计:上部细管有刻度标签,表示相对密度读数,下部球形内部装有汞和铅块。

四、仪器和试剂

比重计如图 7-1 所示。

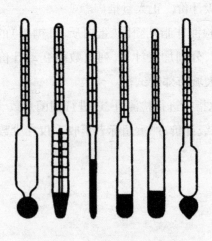

图 7-1 几种常见的比重计

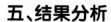

五、结果分析

1. 比重计法

将比重计洗净擦干,缓缓放入盛有待测液体样品的量筒中,勿使其触碰容器内壁及底部,保持样品温度在 20 ℃,待其静止后,再轻轻按下少许,然后待其自然上升,静止至无气泡冒出后,从水平位置观察与液面相交处的刻度,即为样品的相对密度。

2. 乳稠计法

乳稠计:牛乳相对密度用乳稠计测定,乳稠计有 20°/4°和 15°/15°两种。

$$a + 2° = b \tag{7-1}$$

式中:

a——20°/4°测得的度数;

b——15°/15°测得的度数。

量筒高应大于乳稠剂的长度,其直径大小为使乳稠计沉入后,量筒内壁与乳稠计的周边距离不小于 5 mm。

将 10 ~ 25 ℃的乳样小心地注入 250 mL 量筒中,加到量筒容积的 3/4,勿产生泡沫。用手拿住乳稠计上部,小心地将它沉入相当标尺 30°处,放手让它在乳中自由浮动,但不能与筒壁接触。待静止 1 ~ 2 min 后,读取乳稠计度数,以乳表面层与乳稠计的接触点,即新月形表面的顶点为准。

根据乳样温度和乳稠计度数,查乳温度换算表,将乳稠计度数换算成 20°或 15°时度数。

相对密度(d_4^{20})与乳稠计度数的关系如式(7 - 2)。

$$乳稠计度数 = (d_4^{20} - 1.000) \times 1\,000 \tag{7-2}$$

3. 计算举例

乳样温度为 16 ℃,用 20°/4°的乳稠计测得相对密度为 1.030 5,即乳稠计读数为 30.5°。换算成温度 20 ℃时乳稠计度数,查表,同 16 ℃、30.5°对应的乳稠计度数为 29.5°,即 20 ℃时的牛乳相对密度为 1.029 5。

如若计算全乳固体,则可换算成15°/15°的乳稠计度数,这可直接从20°/4°的乳稠计读数29.5°,加2°求得,即29.5° + 2° = 31.5°。

六、说明及注意事项

1. 量筒的容量应根据比重计的长度确定。量筒应放在水平台面上。

2. 拿取比重计时要轻拿轻放,非垂直状态下或倒立时不能手持尾部,以免折断。

3. 应根据液体的相对密度选取刻度适当的比重计。注意按比重计顺序读数。

第四节 乳脂肪含量的测定

一、能力素养

1. 熟练掌握罗兹 – 哥特里法测定乳脂肪的原理与方法。
2. 了解乳脂肪测定的意义。

二、知识素养

罗兹 – 哥特里法是一种测定乳与乳制品中粗脂肪含量的标准方法,该法适用于能在碱性溶液中溶解或能形成均匀悬胶体的样品,如乳、奶油、奶粉等。

三、分析原理

用碱处理样品,溶解酪蛋白钙盐,降低其吸附力,进而释放出结合性脂肪,使脂肪球得以与乙醚结合而被提取,然后加乙醇除去醇溶物,加石油醚使乙醚不与水互溶,使分层更加清晰,最后将醚层滤入烧瓶中,蒸去乙醚烘干称重,算出脂肪百分含量。

四、试剂及仪器

1. 氨水(25%,相对密度0.91)。

2. 乙醇(96%)。

3. 乙醚(不含过氧化物)。

4. 石油醚(沸程30~60℃)。

5. 仪器和设备:感量为1 mg和0.1 mg的分析天平、抽脂瓶等。

五、分析步骤

取一定量样品(乳取10 mL;奶粉称取约1 g,用10 mL 60℃水,分数次溶解)于抽脂瓶中,加入1.25 mL氨水,充分混匀,置60℃水浴中加热5 min,振摇2 min,再加入10 mL乙醇,充分摇匀,于冷水中冷却后,加入25 mL乙醚,振摇半分钟,加入25 mL石油醚,再振摇半分钟,静置30 min,待上层液澄清时,读取醚层体积,放出一定体积醚层于一已恒重的烧瓶中,蒸馏回收乙醚和石油醚,挥干残余醚后,放入100~105℃干燥箱中干燥1.5 h,取出放入干燥器中冷却至室温后称重,重复操作直至恒重。

六、结果分析

1. 样品中脂肪的百分含量

按式(7-3)计算。

$$脂肪 = \frac{(m_2 - m_1)}{m \times \dfrac{V_1}{V}} \times 100\% \qquad (7-3)$$

式中:

m_2——烧瓶和脂肪质量,g;

m_1——烧瓶质量,g;

m——样品质量,g(或毫升×相对密度);

V——读取醚层总体积,mL;

V_1——测定时所取醚层体积,mL。

计算结果以重复性条件下获得的两次独立测定结果的算术平均值表示,结果保留小数点后三位。

2. 精密度

在重复性条件下获得的两次独立测定结果的绝对差值不得超过这两次测定算术平均值的10%。

七、注意事项

1. 乳类脂肪虽然属游离脂肪，但脂肪球被乳中酪蛋白钙盐包裹，又处于高度分散的胶体分散系中，因此不能直接被乙醚、石油醚提取，需预先用氨水处理，故此法也称为碱性乙醚提取法。

2. 本法适用于各种液状乳（生乳、加工乳、部分脱脂乳、脱脂乳等）、炼乳、奶粉、奶油及冰淇淋等能在碱性溶液中溶解的乳制品。

3. 若无抽脂瓶时，可用容积100 mL 的具塞量筒，待分层后读数，用移液管吸出一定量醚层。

4. 加氨水后，要充分混匀，否则会影响下一步醚对脂肪的提取。

5. 操作时乙醇的加入是为了沉淀蛋白质以防止乳化，并溶解醇溶性物质，使其留在水中，避免进入醚层，影响结果。

6. 石油醚的加入可降低乙醚极性，使乙醚与水不混溶，只抽提出脂肪，并使分层清晰。

第八章 寒地农产品副产物的利用与分析

第一节 稻壳有效成分的提取与分析

稻壳又名砻糠或大糠,是大米外面的一层保护性硬壳,是稻谷加工的主要副产物,按质量计约占稻谷的20%。稻壳含纤维素类、木质素类和硅类,以及生物活性成分如黄酮类物质、绿原酸等。据统计,近年来我国稻壳年产量达数千万吨,但稻壳没有得到很好的开发利用。把稻壳利用好,不仅可以降低污染、净化环境,还能创造经济效益、节约资源、造福人类。对稻壳中的营养成分进行提取并加以利用,具有很高的研究价值。

一、响应面分析法优化稻壳中多糖的微波辅助酶法提取

多糖作为生理活性成分之一,具有抗心肌缺血、抗过敏、降血糖、耐缺氧、增强机体免疫等多种功能。将微波辅助酶法应用于稻壳多糖的提取工艺研究,通过中心组合设计试验,探求微波辅助酶法提取稻壳多糖的最佳工艺条件,可为稻壳的深加工提供理论参考。

1. 材料与仪器

(1) 材料

稻壳晒干后,粉碎过80目筛。纤维素酶、无水乙醇、浓硫酸、苯酚等。

（2）仪器

紫外－可见分光光度计,恒温水浴锅,离心机,家用微波炉,水浴恒温振荡器,酸度计,等等。

2. 分析方法

（1）稻壳多糖提取工艺路线

稻壳→整理去杂→烘干→粉碎过筛（80 目）→酶解处理→微波处理→抽滤→3 倍体积无水乙醇醇沉→静置过夜→离心（3 000 ~ 3 500 r/min）留沉淀→蒸馏水定容→稀释→测定多糖含量。

（2）稻壳多糖提取量的测定

多糖的测定采用苯酚－硫酸法。取 1 mL 提取液,以蒸馏水补充至 2 mL,然后加入 5% 苯酚溶液 1 mL 及浓硫酸 5 mL,摇匀后静置 5 min。放入沸水浴中加热 15 min,取出后自来水冷却至室温,490 nm 下测定吸光度。以葡萄糖为标准品,以葡萄糖标准曲线的回归方程 $Y = 0.063\ 7X - 0.001\ 4(R^2 = 0.999\ 8)$ 计算稻壳多糖的提取量。

（3）稻壳多糖提取率的测定

多糖提取率按式（8 - 1）计算:

$$稻壳多糖提取率 = （稻壳多糖质量/稻壳干质量）\times 100\% \qquad (8 - 1)$$

3. 结果分析

为优化稻壳多糖的微波辅助酶法提取工艺,在单因素试验的基础上,选择纤维素酶添加量、料液比及微波功率 3 个因素的中心组合试验设计,以多糖提取率为响应值,采用响应面分析法优化稻壳多糖的提取工艺,模拟得到二次多项式回归方程的预测模型。结果表明:稻壳多糖提取的最佳工艺为纤维素酶添加量 0.96%,料液比 1:29(g:mL),微波功率 600 W,微波时间 2 min,在此条件下稻壳多糖的实际提取率达 1.116%。

二、响应面分析法优化稻壳多糖超声辅助酶法提取

1. 材料、试剂与仪器

稻壳晒干后,粉碎过 80 目筛。纤维素酶、无水乙醇、浓硫酸、苯酚等。

双光束紫外 – 可见分光光度计,恒温水浴锅,离心机,超声波清洗器,酸度计,循环水式真空泵,等等。

2. 分析方法

(1)稻壳多糖提取工艺流程

稻壳→整理去杂→烘干→粉碎过筛(80 目)→酶解处理→超声处理→抽滤→浓缩→醇沉→静置过夜→离心留沉淀→水洗→定容→测定

(2)多糖提取量和提取率的测定

采用苯酚 – 硫酸比色法测定多糖提取量,以葡萄糖为标准品。

多糖提取率按式(8 – 2)计算:

$$稻壳多糖提取率 = \frac{稻壳多糖质量}{稻壳干质量} \times 100\% \qquad (8-2)$$

(3)试验设计

试验选用了纤维素酶添加量、超声功率、超声温度及超声时间这四个对提取率起主要影响的因素,以稻壳多糖提取率为考察指标,进行单因素试验。在单因素试验的基础上,采用中心组合试验设计方案及响应面分析法对超声辅助酶法提取稻壳多糖的条件进行优化。

3. 结果分析

使用超声辅助酶法从稻壳中提取分离出了多糖,并通过响应面分析法得到了提取的最优条件:超声温度 48 ℃,超声时间 42 min,纤维素酶添加量 1.06% ,在此条件下,多糖提取率为 0.948% 。该研究方法具有高效、节能、省时、无污染

等优点。

三、超声波协同纤维素酶法提取稻壳黄酮

稻壳中的黄酮类物质是植物在长期自然选择过程中产生的次级代谢产物,有广泛的生物活性,例如对于癌症、心血管疾病、病毒和细菌感染的预防和治疗有积极作用,此外,还有多种药理活性,包括抗氧化、抗过敏、抗病毒、抗肿瘤形成与生长等。除在医药工业上已广泛应用外,目前黄酮类物质也可作为功能食品的添加剂。

1. 材料与仪器

稻壳晒干后,粉碎过 40 目筛。纤维素酶、芦丁标准品、无水乙醇、亚硝酸钠、氢氧化钠、硝酸铝等。

紫外 – 可见分光光度计,恒温水浴锅,超声波清洗器,旋转蒸发器,循环水式真空泵,等等。

2. 分析方法

(1)稻壳黄酮提取工艺流程

稻壳干品→粉碎过筛(40 目)→酶解处理→超声处理(乙醇浸提)→抽滤→蒸发浓缩→提取液用棕色容量瓶定容→提取液黄酮含量测定

(2)稻壳黄酮提取量的测定

以芦丁为标准品配制标准溶液,测定不同浓度标准溶液的吸光度,绘制标准曲线,实验数据经线性回归得回归方程为 $y = 15.211x - 0.005$,相关系数 $R^2 = 0.999\,8$,其中:x 为标准溶液浓度,单位为 mg/mL;y 为吸光度。

不同条件下得到的样品在 510 nm 处测吸光度,根据回归方程计算提取液中总黄酮的质量,按式(8 – 3)计算黄酮的提取量:

黄酮提取量(mg/g) = 提取液黄酮的质量(mg)/稻壳粉的质量(g)

$$(8 – 3)$$

（3）试验设计

稻壳粉末与60%的乙醇按1∶20(g∶mL)混合,加入纤维素酶酶解结束后,超声辅助提取,超声功率固定为200 W,超声温度50 ℃,超声时间30 min。选取纤维素酶添加量、酶解温度、酶解时间、酶解 pH 四个因素进行稻壳黄酮提取的单因素试验。在单因素试验的基础上,根据中心组合试验设计原则,应用响应面分析法优化稻壳黄酮的提取条件。

3. 结果分析

（1）数据处理

每个试验重复3次,结果表示为 $x \pm s$,进行单因素试验结果统计分析,作图,根据中心组合试验设计建立数学模型,并进行响应面分析。

（2）结论

酶解时间对黄酮提取效果影响最大,其次为纤维素酶添加量,而酶解 pH 影响较小。最佳工艺条件:纤维素酶添加量为 1.42%、酶解 pH 为 5、酶解时间为 1.4 h。在此条件下,黄酮的实际提取量为 3.81 mg/g。

四、高压蒸煮协同木聚糖酶法制备稻壳低聚木糖

低聚木糖又名木寡糖,是由 $2 \sim 7$ 个木糖分子以 $\beta - 1,4$ 糖苷键联结而成的功能性聚合糖。它除了具有安全、无毒、低热、稳固等良好的理化特性外,还具有促进双歧杆菌增殖、抑制腹泻、保护肝脏、降血压、增强机体免疫力等多重生理功能。低聚木糖因具备特有的功能而成为一种重要的功能性食品,引起全世界的广泛关注。

1. 材料

稻壳,粉碎备用。木聚糖酶、柠檬酸、柠檬酸钠、3,5 - 二硝基水杨酸(DNS)等。

2. 分析方法

(1)稻壳低聚木糖的制备

将剔除杂物的稻壳磨碎,称取 3 g,置 250 mL 的锥形瓶中,以料液比(g∶mL) 1∶20 的比例加入 pH = 5 柠檬酸缓冲液,然后在高压下蒸煮 30 min。取出晾凉后,加入一定量的木聚糖酶,在 50 ℃水浴锅中酶解 2 h,离心得上清液,定容至 100 mL 容量瓶中,待测。

(2)低聚木糖含量的测定

低聚木糖含量以酶解液中还原糖含量(以木糖计,mg/g)表示,测定方法依据 3,5 - 二硝基水杨酸法(DNS 法)进行。

(3)单因素试验

以蒸煮压力、蒸煮时间、酶添加量、酶解时间、酶解 pH 五个因素做单因素试验,考察各因素对低聚木糖含量的影响,确定各因素的最优范围。

(4)中心组合试验设计

在单因素试验的基础上,选取对制备低聚木糖有显著影响的蒸煮压力、木聚糖酶添加量及酶解时间三个因素为中心组合试验设计的自变量,以还原糖含量为响应值,进行三因素三水平中心组合试验设计。

3. 结果分析

高压蒸煮协同木聚糖酶法由稻壳制备低聚木糖,通过响应面分析得到了制备的最优条件:蒸煮压力 0.90 MPa,蒸煮时间 50 min,酶添加量 6.7%,酶解时间 3 h,酶解 pH = 6。在此条件下,低聚木糖含量为 8.26 mg/g。该法能够促进稻壳中木聚糖的水解,提高低聚木糖的得率。

第二节 玉米须有效成分的提取与分析

玉米须是玉米的花柱及柱头,含有多种活性成分,如生物碱、黄酮类、肌醇、固醇、多糖、皂苷等。现代药理研究证明,玉米须提取物有降血糖、抗癌、抑菌、增强免疫功能等作用。因此,提取玉米须中的功能成分能使农业副产品得到更有效的利用,更好地繁荣农村经济。

一、微波协同纤维素酶法提取玉米须绿原酸

绿原酸属酚类化合物,是一种重要的活性物质,具有降血压、降血脂、抑菌、抗氧化、抗肿瘤等多种生理功能。传统提取绿原酸的方法多为有机溶剂浸提,提取时间长,提取效果差。微波是近些年广大科研工作者用于天然植物有效成分提取的一项新技术,它具有高效、安全、节能、提取率高等特点。纤维素酶能温和、有效地破坏植物的细胞壁,提高有效成分的溶出率。目前国内外尚未见有关微波协同纤维素酶法提取玉米须绿原酸的研究报道。响应面分析法优化微波协同纤维素酶法提取玉米须绿原酸的工艺,有可能为玉米须的合理利用和开发提供理论依据。

1. 材料与仪器

成熟玉米须,自然晾干,粉碎,过 80 目筛。

绿原酸标准品,纤维素酶,其他试剂等。

紫外 – 可见分光光度计,家用微波炉,旋转蒸发器,循环水式真空泵,等等。

2. 分析方法

(1) 提取工艺

称取 3 g 玉米须粉于锥形瓶中,加入 6 mL 蒸馏水搅拌均匀,于指定微波功率下处理相应时间,取出晾凉后加入一定量的纤维素酶,并加入无水乙醇和蒸馏水使浸提液为一定体积分数的乙醇溶液且料液比 1∶20(g∶mL),在 50 ℃的水

浴中浸提一定时间后,沸水浴酶灭活 5 min,过滤除渣,所得滤液减压浓缩,再用 60% 乙醇定容至 25 mL 容量瓶,所得提取液待测。

(2)绿原酸提取量的计算

最大吸收波长的确定:用 60% 乙醇溶液溶解绿原酸标准品,得到绿原酸标准液(43 mg/L),取适量绿原酸标准液于 200~450 nm 波长范围内进行扫描,在波长 327 nm 处有最大吸收峰,故最大吸收波长选择 327 nm。以下试验以 327 nm 作为测定吸光度的波长。

标准曲线的制作:精密吸取以上绿原酸标准液 0 mL、1 mL、2 mL、3 mL、4 mL、5 mL,分别置于 10 mL 容量瓶中,加 60% 乙醇溶液定容,摇匀。以分光光度法在 327 nm 波长条件下测定吸光度,以绿原酸标准样品质量浓度(X,mg/L)为横坐标、吸光度(Y)为纵坐标绘制标准曲线,得标准回归方程 $Y = 0.055\ 6X - 0.013\ 4$,相关系数 $R^2 = 0.999\ 6$。结果表明绿原酸浓度在 5~25 mg/L 的范围内呈良好的线性相关性。

绿原酸含量的测定:取所得提取液 0.2 mL,于 10 mL 刻度试管中,定容至 4 mL,按标准曲线步骤进行,于波长 327 nm 处测定其吸光度,以 60% 乙醇溶液为空白参比,然后根据标准回归方程计算出每毫升提取液中的绿原酸含量,再根据式(8-4)计算绿原酸提取量。

$$绿原酸提取量(mg/g) = \frac{c \times V_2 \times V_1}{1\ 000 \times m \times V_0} \tag{8-4}$$

式中:

c——依据标准曲线计算出提取液的质量浓度,mg/L;

V_2——测定吸光度时提取液的定容体积,mL;

V_1——提取液总体积,mL;

V_0——测定吸光度移取提取液的体积,mL;

m——样品质量,g。

(3)单因素试验

以微波功率、微波时间、纤维素酶添加量、浸提剂乙醇浓度、浸提时间五个因素做单因素试验,考察各因素对绿原酸提取量的影响,确定各因素的最优范围。

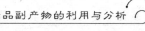

（4）响应面优化

在微波功率 240 W、纤维素酶添加量 1.4% 的条件下,以绿原酸提取量为评价指标,选取微波时间、乙醇浓度、浸提时间三个因素进行中心组合试验设计,确定最佳提取工艺条件。

3. 结果分析

利用微波协同纤维素酶法提取玉米须中的绿原酸,具有提取条件温和、提取效率高、省时、节能等优点。在单因素试验的基础上,采用响应面分析法对微波协同纤维素酶法提取玉米须绿原酸的工艺条件进行了优化,研究发现浸提时间、微波时间、乙醇浓度对绿原酸提取量影响均极显著;在因素交互作用中,只有微波时间与乙醇浓度的交互作用不显著。微波协同纤维素酶法提取的最优工艺条件为微波功率 240 W、微波时间 27 s、纤维素酶添加量 1.4%、浸提时间 1.25 h,乙醇浓度 70%,在此条件下玉米须绿原酸提取量为 8.82 mg/g。

二、玉米须总黄酮提取工艺优化及其抑菌作用

以黄酮提取量为指标,以一定浓度的乙醇为提取溶剂,在超声波辅助提取玉米须黄酮单因素试验的基础上,采用响应面分析法,优化玉米须黄酮的提取工艺,并通过纸片琼脂扩散法考察黄酮粗提物对金黄色葡萄球菌、大肠杆菌和枯草芽孢杆菌的抑菌性能,以期为玉米须的进一步利用和天然安全抑菌剂的开发提供理论依据。

1. 材料与仪器

成熟玉米须,自然晾干,粉碎,过 80 目筛。芦丁标准品、金黄色葡萄球菌、枯草芽孢杆菌、大肠杆菌、营养琼脂培养基、无水乙醇、亚硝酸钠、氢氧化钠、硝酸铝等。

紫外－可见分光光度计,超声波清洗器,旋转蒸发器,循环水式真空泵,电热培养箱,等等。

2.分析方法

(1)超声波辅助提取玉米须黄酮的单因素试验

以黄酮提取量为测定指标,研究超声功率(120 W、140 W、160 W、180 W、200 W)、超声温度(40 ℃、50 ℃、60 ℃、70 ℃、80 ℃)、超声时间(20 min、30 min、40 min、50 min、60 min)以及乙醇浓度(50%、60%、70%、80%、90%)对玉米须黄酮提取量的影响。

(2)超声波辅助提取玉米须黄酮的响应面分析法优化试验

在单因素试验的基础上,选取超声温度、超声时间和乙醇浓度为响应变量,以黄酮提取量为响应值,进行响应面设计,对提取工艺进行优化分析,试验因素及水平见表8-1。

表8-1 试验因素水平及编码

水平	超声温度(X_1)/℃	超声时间(X_2)/min	乙醇浓度(X_3)/%
-1	50	35	65
0	60	40	70
1	70	45	75

(3)玉米须黄酮的提取

称取3 g玉米须,按料液比1∶20(g∶mL)置于一定浓度的乙醇中,在一定的超声功率、超声温度下超声浸提一定时间后,过滤,蒸发浓缩,定容至10 mL,提取液待测。

(4)黄酮含量的测定

以芦丁标准品配制标准溶液,测定不同浓度标准溶液的吸光度,绘制标准曲线,得回归方程$Y = 15.211X - 0.005$,相关系数$R^2 = 0.9998$,其中:X为标准溶液浓度,mg/mL;Y为吸光度。

不同条件下得到的提取液在 510 nm 处测吸光度,根据回归方程计算提取液中黄酮的质量浓度,按式(8-5)计算黄酮的提取量:

$$黄酮提取量(mg/g) = \frac{c \times V_2 \times V_1}{m \times V_0} \tag{8-5}$$

式中:

c——依据标准曲线计算出测定提取液的质量浓度,mg/mL;

V_2——测定吸光度时提取液的定容体积,mL;

V_1——提取液总体积,mL;

V_0——测定吸光度移取提取液的体积,mL;

m——样品质量,g。

(5)抑菌试验

菌种的活化:将金黄色葡萄球菌、枯草芽孢杆菌、大肠杆菌分别接种到营养肉汤培养基中,37 ℃培养 12 h。

抑菌圈直径的测定:用打孔器将滤纸打成直径 9 mm 的圆片,与营养琼脂培养基一同在 121 ℃的条件下灭菌 20 min。在无菌操作台上,将灭菌的培养基倒入无菌培养皿内,每皿 15~20 mL 冷却凝固后,吸取 0.2 mL 活化好的菌悬液加入,用无菌涂布棒将其涂布均匀。将灭菌后的滤纸片浸入玉米须黄酮的提取液(黄酮含量 10 mg/mL)中 30 min,用无菌镊子将其取出,晾干,呈三角状平铺于倒有培养基的培养皿中,以无菌生理盐水做空白对照。每菌种重复 3 次,于 37 ℃恒温培养箱倒置培养 24 h,观察抑菌圈的直径。

3.结果分析

超声波辅助提取玉米须黄酮的最优工艺条件为:超声温度 65 ℃,超声时间 42 min,乙醇浓度 72%,在此条件下得到的玉米须黄酮提取量为 5.96 mg/g。该提取液对金黄色葡萄球菌、大肠杆菌、枯草芽孢杆菌均有抑制作用,其中对金黄色葡萄球菌抑制作用最为明显。

三、响应面分析法对红菇娘皮、玉米须复合保健饮料的优化

红菇娘又名酸浆、锦灯笼、灯笼果、红姑娘,果实中含有人体需要的多种营养成分,其中钙的含量是西红柿的 73.1 倍、胡萝卜的 13.8 倍,维生素 C 的含量是西红柿的 6.4 倍、胡萝卜的 5.4 倍,它具有独特的风味和丰富的营养,是加工饮料、果酒等饮品的好原料。绞股蓝为葫芦科绞股蓝属植物,性寒、味甘,有益气、安神、降血压之功效,民间称其为"神奇"的"不老长寿药草"。其酸水解产物与人参皂苷的酸水解产物——人参二醇具有相同的理化性质。这在非五加科的植物中是非常罕见的。以上两种原料结合玉米须提取物制备保健饮料,对功能性饮品的开发具有重要的意义。

1. 材料与仪器

(1) 材料

红菇娘皮、玉米须、绞股蓝茶、蜂蜜、柠檬酸、β – 环状糊精等。

(2) 主要仪器

高速万能粉碎机,天平,恒温水浴锅,台式离心机,手持糖量计,超声波清洗器,显微镜,等等。

2. 分析方法

(1) 浸提液的制备

原料 ⟶ 挑选 ⟶ 清洗 ⟶ 浸泡 ⟶ 浸提 ⟶ 过滤 ⟶ 料渣 ⟶ 二次浸提 ⟶ 合并 ⟶ 备用；一次浸提 ⟶ 备用

（2）工艺流程

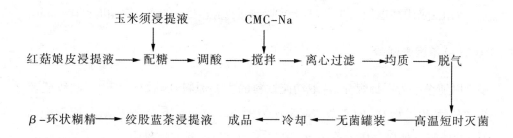

（3）原料的制备要点

①红菇娘皮浸提液的制备

挑选优质原料,用流动清水清洗、烘干粉碎后,按红菇娘皮与水质量比为1∶50加常温纯净水,浸泡30 min后,微火煎煮10 min,降温至40 ℃,用150目的滤布过滤,同时将滤渣与水以质量比1∶50、同样的方法进行二次浸提,离心过滤,合并两次滤液在0~4 ℃条件下贮藏备用。

②玉米须浸提液的制备

一次浸提:挑选成熟期的优质原料,用流动清水清洗、烘干粉碎后,按玉米须与水质量比为1∶10加开水,用开水回流煎煮10 min。

二次浸提:取一次过滤滤渣,添加7倍去离子水,经微波间歇复提8~10 min。

收集两次浸提液合并后精滤,于0~4 ℃条件下贮藏备用。

③绞股蓝茶浸提液的制备

绞股蓝茶中含特有的挥发性香气成分,因而宜采取冷、热两步工序来完成浸提工艺。冷浸温度30 ℃,时间30 min,料液比1∶15,同时添加3%β-环状糊精作为香味成分的包埋壁材,以防止在浸出时挥发。将一次离心过滤的料渣用90 ℃的热水以料液比1∶10二次浸提,离心过滤后合并两次滤液在0~4 ℃条件下贮藏备用。

④制备工艺要点

CMC-Na溶解:提前一天将所用的CMC-Na加冷纯净水浸泡,每隔数小时后搅拌一次,使用前在热水浴中加热并不断搅拌,使其充分溶解。

均质、脱气:混合液调制完成后,用高压均质机均质,均质压力20 MPa,同时开启真空泵予以脱气(真空度不小于0.08 MPa)。

灭菌:采用高温短时工艺进行灭菌,灭菌温度75~80 ℃,灭菌时间10 min。

(4)单因素试验

以纯净水为浸提媒介,选取功能饮料的主要原料红菇娘皮、玉米须、绞股蓝茶、柠檬酸以及糖基(安赛蜜与蜂蜜比为1:20)为考察因素,分别取各原料配制50 mL饮料试液做单因素试验,依据其感官评价标准评价优劣。

(5)正交试验

通过上述单因素试验,根据影响饮料质量与风味的主要原料红菇娘皮浸提液、玉米须浸提液、绞股蓝茶浸提液、柠檬酸、糖基(安赛蜜与蜂蜜比为1:20)为主要因素,进一步设计五因素、四水平的试验方案。

3.结果分析

正交试验设计结合二次响应面逐步回归分析的结果表明,每50 mL饮料中红菇娘皮浸提液添加量3.28 mL、玉米须浸提液添加量13.2 mL、绞股蓝茶浸提液添加量6.96 mL、柠檬酸添加量0.009 g、糖基(安赛蜜与蜂蜜比为1:20)中安赛蜜添加量0.003 g以及0.14%稳定剂CMC-Na时,生产出来的饮料口感和稳定性最佳。

该饮料不仅保持了红菇娘皮、玉米须以及绞股蓝茶的营养成分和保健功能,而且不含任何合成色素,是一种纯天然、功能特异、风味独特的复合低糖保健型饮料,为中老年及特殊消费群体饮品的研制及系列低糖、降糖饮料的开发提供了一定的理论依据和实践指导。

第三节　不同提取方式对玉米皮多糖
体外抗氧化活性的影响

玉米皮是玉米加工的副产物,主要成分为纤维素、半纤维素和木质素等,是很好的食药活性多糖的来源。然而,当前玉米皮一直被用作饲料或直接废弃掉,没有得到合理利用。多糖能够参与生物细胞的各项生命活动,维持新陈代谢,具有降血糖、抗氧化、抑菌、抗肿瘤、增强免疫力等多种生理功能。近些年的研究表明,自由基对机体的氧化损伤能给有机体带来多种疾病,因此寻找能够清除自由基的抗氧化剂就显得十分重要。

一、材料与仪器

1. 材料与试剂

玉米皮晒干后粉碎,过 80 目筛。无水乙醇、浓盐酸、氯化铁、亚硫酸铁、苯酚、浓硫酸等。

2. 仪器设备

紫外 – 可见分光光度计,恒温水浴锅,离心机,家用微波炉,超声波清洗器,等等。

二、分析方法

1. 玉米皮多糖的提取

(1)酶法提取玉米皮多糖

准确称取 5 g 玉米皮,置 250 mL 锥形瓶中,用 100 mL 水润湿,然后加入 1.2%(玉米皮质量)的纤维素酶,50 ℃水浴振荡酶解 1 h,80 ℃水浴灭活 10 min,抽滤,滤液真空浓缩后加入浓缩液 3 倍体积的无水乙醇静置过夜,离心分离得沉淀,真空干燥即得粗多糖。

(2)微波辅助提取玉米皮多糖

准确称取 5 g 玉米皮,置 250 mL 锥形瓶中,用 100 mL 水润湿,微波 30 s 后,在 50 ℃的水浴中浸提 1 h,抽滤,滤液真空浓缩后加入浓缩液 3 倍体积的无水乙醇静置过夜,离心分离得沉淀,真空干燥即得粗多糖。

(3)超声波辅助提取玉米皮多糖

准确称取 5 g 玉米皮,置 250 mL 锥形瓶中,用 100 mL 水润湿,50 ℃ 超声 30 min,抽滤,滤液真空浓缩后加入浓缩液 3 倍体积的无水乙醇静置过夜,离心分离得沉淀,真空干燥即得粗多糖。

(4)微波结合超声波提取玉米皮多糖

准确称取 5 g 玉米皮,置 250 mL 锥形瓶中,用 100 mL 水润湿,微波30 s后,50 ℃超声 30 min,抽滤,滤液真空浓缩后加入浓缩液 3 倍体积的无水乙醇静置过夜,离心分离得沉淀,真空干燥即得粗多糖。

(5)传统水提法提取玉米皮多糖

准确称取 5 g 玉米皮,置 250 mL 锥形瓶中,用 100 mL 水润湿,50 ℃ 的水浴中振荡 1 h,抽滤,滤液真空浓缩后加入浓缩液 3 倍体积的无水乙醇静置过夜,离心分离得沉淀,真空干燥即得粗多糖。

2.玉米皮多糖含量的测定

(1)标准曲线的绘制

分别准确吸取 100 mg/L 的葡萄糖标准溶液 0 mL、0.2 mL、0.4 mL、0.6 mL、0.8 mL、1 mL 于 10 mL 比色管中,各以蒸馏水补至 2 mL,然后都加入 5% 苯酚溶液 1 mL 及浓硫酸 5 mL,摇匀后静置 5 min。放入沸水浴中加热 15 min,取出后自来水冷却至室温,以加入葡萄糖 0 mL 管(蒸馏水代替糖溶液)为参比,于 490 nm 处测吸光度,做标准曲线。

(2)玉米皮多糖的测定

将不同提取方式得到的多糖,配成 0.1 mg/mL 的待测液,按标准曲线的方法测吸光度,计算出多糖含量。

$$多糖含量(mg/g) = \frac{c \times V}{m} \qquad (8-6)$$

式中:

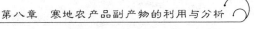

c——所测样品溶液的葡萄糖质量,mg/mL;

V——所测样品溶液体积,mL;

m——所测样品的质量,g。

3.玉米皮多糖抗氧化试验

(1)还原能力的测定

取 1 mL 待测液与 2.5 mL 磷酸盐缓冲液(pH = 6.6,0.2 mol/L)和 2.5 mL 1%铁氰化钾混合,50 ℃保温 20 min,快速冷却后,加入 10% 三氯乙酸(TCA) 2.5 mL,混匀,3 000 r/min 离心 10 min,取上清液 5 mL,加入 5 mL 蒸馏水和 1 mL 0.1%氯化铁溶液,混匀后放置 10 min,以蒸馏水代替待测液作为参比,于 700 nm 测定吸光度。

(2) DPPH 自由基清除能力的测定

2 mL 待测液与 2 mL 0.2 mmol/L 的 DPPH 乙醇(无水)溶液混合,室温避光 反应 30 min,乙醇做参比,测定反应体系在 517 nm 的吸光度为 A_i;同时测定 2 mL DPPH 溶液与等体积无水乙醇混合液的吸光度 A_c 及 2 mL 待测液与等体 积无水乙醇混合液的吸光度 A_j,按下式计算 DPPH 自由基清除率:

$$DPPH 自由基清除率 = [1 - (A_i - A_j)]/A_c \times 100\% \qquad (8-7)$$

式中:

A_i——DPPH 与待测液的吸光度;

A_j——待测液与无水乙醇的吸光度;

A_c——DPPH 与无水乙醇的吸光度。

(3)超氧自由基清除能力的测定

取 4.5 mL Tris – 盐酸(pH = 8.2,50 mmol/L)和 4.2 mL 蒸馏水混合,25 ℃ 保温 20 min 后,加入 0.3 mL 25 ℃预热的 3 mmol/L 邻苯三酚(空白管用蒸馏水 代替邻苯三酚溶液),迅速摇匀,于波长 325 nm 处每隔 30 s 测定吸光度,在线性 范围内计算每分钟吸光度的增加速率,即邻苯三酚的自氧化速率 ΔA_0,计算加 入待测液后的邻苯三酚的自氧化速率 ΔA(在加入邻苯三酚前先加入 0.5 mL 的

待测液,对应蒸馏水减少 0.5 mL),按照下式计算超氧自由基清除率:

$$超氧自由基清除率 = \left[\,(\Delta A_0 - \Delta A)\,/\,\Delta A_0\,\right] \times 100\% \qquad (8-8)$$

式中:

ΔA_0——邻苯三酚自氧化速率,即每分钟增加的吸光度;

ΔA——加入待测液后的邻苯三酚的自氧化速率。

(4)羟基自由基清除能力的测定

分别取待测液 2 mL,加入 6 mmol/L 硫酸铁 0.5 mL、1.5 mmol/L 水杨酸 – 乙醇溶液 2 mL,再加入 0.1% 的过氧化氢溶液 0.5 mL,于 37 ℃ 反应 15 min,在 510 nm 下测定各反应体系的吸光度 A_X;蒸馏水代替过氧化氢溶液的体系的吸光度为 A_{X0},蒸馏水代替待测液的空白对照的吸光度为 A_0,按下式计算羟基自由基清除率:

$$羟基自由基清除率 = \left[\,1 - (A_X - A_{X0})/A_0\,\right] \times 100\% \qquad (8-9)$$

式中:

A_0——空白对照的吸光度;

A_X——样品的吸光度;

A_{X0}——不加过氧化氢的吸光度。

(5)ABTS 自由基清除能力的测定

取 7 mmol/L ABTS 与终浓度为 2.45 mmol/L 的过硫酸钾混合,室温避光放置 12~16 h。用 pH = 4.5 的乙酸钠溶液(20 mmol/L)稀释至波长 734 nm 处的吸光度为 0.7 ± 0.02。取 3 mL 该溶液与 20 μL 待测液混合,放置 6 min,于波长 734 nm 处测定吸光度,按照下式计算 ABTS 自由基清除率:

$$ABTS\ 自由基清除率 = \frac{A_c - A_s}{A_c} \times 100\% \qquad (8-10)$$

式中:

A_c——空白对照的吸光度;

A_s——样品的吸光度。

三、结果分析

微波结合超声波提取得到的玉米皮多糖含量最高,酶法提取得到的多糖含

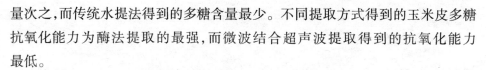

量次之,而传统水提法得到的多糖含量最少。不同提取方式得到的玉米皮多糖抗氧化能力为酶法提取的最强,而微波结合超声波提取得到的抗氧化能力最低。

微波结合超声波处理,二者的协同效应使其得到的多糖含量最高,但是该提取方式可能会破坏多糖的结构,从而使其生物活性降低,而酶法不仅能有效破坏细胞壁,使较多的多糖溶出,而且反应条件温和,不会破坏多糖的生物活性,从而其抗氧化活性最强,因此酶法是一种理想的活性多糖提取方法。

第四节 马铃薯皮有效成分的提取与分析

马铃薯是重要的作物,营养十分丰富,其块茎中的总酚含量占干重的0.1%~0.3%,其中约有50%存在于皮和邻近的组织中,然而马铃薯皮通常是马铃薯深加工的副产物。在马铃薯食品和马铃薯深加工产品如淀粉等的生产过程中,会产生大量的马铃薯皮渣。同时人们日常生活中多用到去皮的马铃薯,而将皮作为废弃物丢掉。近年来有将马铃薯皮渣用于制沼气、饲料等研究的报道,但马铃薯皮仍多数作为废弃物丢掉。马铃薯除了含有丰富的淀粉和蛋白质外,还含有以绿原酸为主的酚酸类成分,这些成分尤其在皮及皮层附近含量较多。目前国内外研究较多的是马铃薯淀粉等,对马铃薯酚类物质研究的报道较少。

一、响应面优化超声辅助提取马铃薯皮中绿原酸

绿原酸是由咖啡酸与奎尼酸组成的缩酚酸,是多酚的主要成分,具有抗氧化、抗菌、抗病毒、免疫调节、抗肿瘤、降血压、降血脂等作用。绿原酸作为具有独特生物活性的天然抗氧化剂,有着很高的商业价值,因而寻找富含绿原酸的生物资源成为研究的热点。

1. 材料与仪器

(1)材料

马铃薯清洗干净并晾干,用不锈钢刀具削皮,皮层厚度约 1 cm,取皮层于

60 ℃干燥箱干燥 12 h,冷却 30 min 后,粉碎过 40 目筛备用。

绿原酸标准品等。

(2)仪器

紫外 - 可见分光光度计,超声波清洗器,旋转蒸发器,循环水式真空泵,等等。

2.分析方法

(1)绿原酸的提取

称取过 40 目筛的马铃薯干燥粉末 2 g,超声辅助浸提后,抽滤得提取液。上清液旋转蒸发后转移至 10 mL 容量瓶中,加 60%乙醇定容至刻度储存备用。

(2)绿原酸含量的测定

①绿原酸最大吸收波长的确定

用万分之一的天平精密称取绿原酸标准品 4.3 mg,60%乙醇溶解,并定容于 100 mL 的容量瓶中,摇匀,得到绿原酸标准液(43 mg/L)。取适量绿原酸标准液以紫外 - 可见分光光度计在 450～200 nm 范围内扫描,以 60%乙醇溶液做参比,得出绿原酸标准液在波长 327 nm 有特征吸收峰。

②绿原酸标准曲线的绘制

精密吸取以上绿原酸标准液 0 mL、1 mL、2 mL、3 mL、4 mL、5 mL,分别置于 10 mL 容量瓶中,加 60%乙醇溶液定容,摇匀。以分光光度法在 327 nm 波长条件下测定吸光度,得标准回归方程 $Y = 0.065\ 3X + 0.017$,其中 X 为绿原酸标准样品质量浓度(μg/mL),Y 为吸光度,相关系数 $R^2 = 0.999\ 2$,线性相关性良好。

③绿原酸提取量的计算

根据标准曲线,计算出样品液中绿原酸的含量,得到绿原酸提取量。

$$绿原酸提取量(mg/g) = \frac{c \times V \times f}{1\ 000 \times m} \quad (8-11)$$

式中:

c——依据标准曲线计算出样品液的质量浓度,μg/mL;

V——样品液的定容体积,mL;

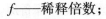

f——稀释倍数;

m——样品质量,g。

(3)单因素试验

以一定浓度的乙醇为提取液,选取了对马铃薯绿原酸提取率有影响的 5 个因素,即超声功率、超声温度、超声时间、提取液乙醇浓度及料液比。提取马铃薯绿原酸,测定其绿原酸提取量。

(4)中心组合试验设计

在单因素试验的基础上,选取对绿原酸提取有显著影响的超声温度、超声时间及乙醇浓度三个因素为中心组合设计的自变量,以马铃薯绿原酸提取量为响应值,进行中心组合试验设计。

3.结果分析

超声辅助提取马铃薯绿原酸的最佳工艺条件为超声温度 61 ℃、超声时间 28 min、乙醇浓度 69%,超声功率 180 W,料液比(g: mL) = 1:20,按此工艺马铃薯绿原酸的提取量为 1.01 mg/g。该方法具有高效、节能、省时、无污染等优点,可为马铃薯副产物的综合利用提供理论基础。

二、响应面优化酶法辅助乙醇提取马铃薯皮渣多酚

多酚是一类广泛存在于植物皮、根、叶及果中的大分子化合物,其特殊的分子结构使其具有诸多功能特性。国内外大量研究表明,植物多酚具有抗氧化、抗衰老、抗肿瘤、抗病毒、降血脂、降胆固醇以及抑菌等保健功能。我国马铃薯产量居世界首位,马铃薯 70% ~80% 用于鲜食或进行深加工,产生大量马铃薯皮渣。酶法提取植物多酚,是利用酶有效地破坏细胞壁,使有效成分充分暴露并溶解在溶剂中,从而提高多酚的提取率。

1.材料与仪器

(1)材料

马铃薯表皮清洗干净后,晾干,用不锈钢刀削皮,皮层厚度大约为 1 cm,将

皮层置于 60 ℃干燥箱中干燥 12 h,干燥后冷却 30 min,粉碎过 60 目筛备用。

半纤维素酶、果胶酶、没食子酸标准品、FC 试剂、乙醇、碳酸钠等。

(2)仪器

紫外–可见分光光度计、旋转蒸发器、循环水式真空泵、恒温水浴锅等。

2. 方法

(1)多酚的提取

称取过 60 目筛的马铃薯皮干燥粉末 2 g,加入一定量的半纤维素酶与果胶酶(1:1),在 60 ℃水浴中酶解预处理 2 h 后,加入 60% 乙醇使最终的料液比达到 1:20(g:mL),在 60 ℃水浴中提取 1 h,抽滤得提取液。上清液旋转蒸发后转移至 10 mL 容量瓶中,加 60% 乙醇定容至刻度储存备用。

(2)多酚含量的测定

①多酚标准曲线的绘制

以没食子酸为标准品,采用分光光度法进行线性回归,得到标准曲线方程:$y = 0.021\ 3x - 0.000\ 5$,相关系数 $R^2 = 0.999\ 5$,线性相关性良好。

②多酚含量的测定

采用福林比色法,根据标准曲线,得到提取液中的多酚含量,进而计算出马铃薯皮渣的多酚提取量。

$$多酚提取量(mg/g) = \frac{提取液中多酚质量(mg)}{原料质量(g)} \qquad (8-12)$$

(3)单因素试验

以乙醇为提取液,考察酶添加量、酶解时间、酶解 pH 及乙醇浓度四个因素对马铃薯皮渣多酚提取量的影响。

(4)响应面优化试验

在单因素试验的基础上,选取对多酚提取有显著影响的酶添加量、酶解 pH 及乙醇浓度三个因素为中心组合设计的自变量,以马铃薯皮渣多酚提取量为响应值,进行中心组合试验设计。

3. 结果分析

酶法具有提取速率快、反应效率高、反应条件温和等优点,被广泛应用于植物功能成分的开发。采用中心组合试验设计及响应面优化分析,可建立复合酶提取马铃薯皮渣多酚的二次回归模型。经验证该模型预测结果可靠,能够较准确地预测出马铃薯皮渣多酚的提取量。研究发现酶解 pH 和乙醇浓度对马铃薯皮渣多酚提取量的影响达到极显著水平,在因素交互作用中,酶解 pH 和乙醇浓度以及乙醇浓度和酶添加量的交互作用达到了极显著水平。酶法辅助乙醇提取的最佳工艺条件为酶解 pH=6.1、乙醇浓度 47%、酶添加量 1.4%、酶解时间 90 min,在此条件下,马铃薯皮渣多酚的提取量为 3.21 mg/g。

参考文献

［1］荣晓花，凌沛学. 溶菌酶的研究进展［J］. 中国生化药物杂志，1999，20 (6)：319－320.

［2］朱奇，陈彦. 溶菌酶及其应用［J］. 生物学通报，1998，33(10)：9－10.

［3］梅丛笑，方元超. 溶菌酶及其在茶饮料生产中的应用前景［J］. 山西食品工 业，2000(2)：19－21，26.

［4］马美湖. 我国蛋与蛋制品加工重大关键技术筛选研究报告(一)［J］. 中国 家禽，2004，26(23)：1－5.

［5］张文会，王艳辉，马润宇. 离子交换法提取鸡蛋清溶菌酶［J］. 食品工业科 技，2003，6：57－59.

［6］于滨，迟玉杰. 高活力蛋清溶菌酶制备技术的研究［J］. 农产品加工，2006 (4)：4－6，11.

［8］刘新旗，涂丛慧，张连慧，等. 大豆蛋白的营养保健功能研究现状［J］. 北京 工商大学学报(自然科学版)，2012，30(2)：1－6.

［9］Saio K，Kamiya M，Watanabe T. Food processing characteristics of soybean 11S and 7S proteins. ［J］. Journal of the Agricultural Chemical Society of Japan， 2014，33：1301－1308.

［10］LIU CHUN，WANG XIANSHENG，MA HAO，et al. Functional properties of protein isolates from soybeans stored under various conditions［J］. Food Chemistry，2008，111(1)：29－37.

［11］Pearce K N，Kinsella J E. Emulsifying properties of proteins：evaluation of a turbidimetric technique［J］. Journal of Agricultural and Food Chemistry，1978， 26：716－723.

［12］刘学彬，殷松枝. 稻壳的综合利用［J］. 现代化农业，1996(11)：37－38.

[13] 赵建军,邴建国. 稻谷精深加工及综合利用现状与前景的探讨[J]. 现代化农业, 2004(11):42 – 44.

[14] 吕秀阳,夏文莉,刘田春. 稻壳资源化新工艺的研究[J]. 农业工程学报, 2001(2):132 – 135.

[15] ZHANG HONGXI, ZHAO XU, DING XUEFENG, et al. A study on the consecutive preparation of D – xylose and pure superfine silica from rice husk [J]. Biore – source Technology,2010,101(4):1263 – 1267.

[16] 牛晓宇,朱宇君,侯海鸽,等. 原子吸收法测定芦荟叶绿素总量的研究[J]. 黑龙江大学自然科学学报,2000,17(4):74 – 75.

[17] Lee K Y, Lee M H, Chang I Y. Macrophage activation by polysaccharide fraction isolated from Salicornia herbacea[J]. Journal of Ethnopharmacology, 2006, 103(3): 372 – 378.

[18] 董群,郑丽伊,方积年. 改良的苯酚 – 硫酸法测定多糖和寡糖含量的研究 [J]. 中国药学杂志,1996,31(9):550 – 553.

[19] 林春梅,周鸣谦. 正交试验优化纤维素酶法提取牛蒡根皮中绿原酸工艺 [J]. 食品科学,2013,34(6):64 – 67.

[20] 陈红,张艳荣,王大为,等. 微波协同酶法提取玉米须多糖工艺的优化研究 [J]. 食品科学, 2010,31(10):42 – 46.

[21] 迟玉杰. 蛋制品加工技术[M]. 北京:中国轻工业出版社,2009.

[22] 吴彬,马正智,周伟,等. 从稻壳中提取制备低聚木糖研究进展[J]. 中国食品添加剂, 2009(A1):94 – 100.

[23] Madsen H L, Andersen C M, Jφrgensen L V, et al. Radical scavenging by dietary flavonoids. A kinetic study of antioxidant efficiencies [J]. European Food Research and Technology, 2000, 211(4):240 – 246.

[24] Sasaki K, Mito K, Ohara K, et al. Cloning and characterization of naringenin 8 – prenyltransferase, a flavonoid – specific prenyltransferase of *sophora flavescens* [J]. Plant Physiology, 2008, 146(3):1075 – 1084.

[25] 王万能,全学军,陆天健. 纤维素酶协同超声波法提取豆粕异黄酮的研究 [J]. 高校化学工程学报, 2007,21(3):370 – 374.

[26] 韩伟,叶亚婧,葛珊珊,等. 吐温 60 与纤维素酶协同超声波法提取红藤中

总黄酮的工艺[J].南京工业大学学报(自然科学版),2012,34(6):63-68.

[27] 张巾英,张明春.应用纤维素酶提取中草药有效成分的研究进展[J].上海中医药杂志,2007,41(1):79-82.

[28] 祁英,丁江涛,苏景秀,等.洋葱中黄酮类化合物的分布及其抗氧化活性的研究[J].中国食物与营养,2010(5):67-71.

[29] 王新,肖凯军.纤维素酶-超声辅助提取麦麸总黄酮的工艺研究[J].食品科技,2009,34(12):230-234.

[30] 旷超阳,欧阳玉祝,陈实.水酶法协同超声提取连翘总黄酮工艺条件优化[J].食品与发酵科技,2012,48(1):49-51.

[31] 杨吉霞,蔡俊鹏,祝玲.纤维素酶在中药成分提取中的应用[J].中药材,2005,28(1):64-67.

[32] 邓红,仇农学,孙俊,等.超声波辅助提取文冠果籽油的工艺条件优化[J].农业工程学报,2007,23(11):249-254.

[33] 常丽新,贾长虹,郁春乐.响应面优化玉米芯黄酮的提取工艺研究[J].食品工业科技,2014,35(2):259-263,290.

[34] 姚笛,叶曼曼,李琳,等.响应面法优化玉米芯中低聚木糖的酶法提取工艺[J].中国粮油学报,2014,29(11):14-18.

[35] 刘花兰,姜竹茂,刘云国,等.功能性低聚糖的制备、功能及应用研究进展[J].中国食品添加剂,2015(12):158-166.

[36] 侯丽芬,孙向阳,丁长河.碱性 H_2O_2 预处理棉籽壳酶法生产低聚木糖的研究[J].食品工业科技,2013,34(10):192-196.

[37] 晁正,冉玉梅,杨霞,等.麦麸中低聚木糖的制备及抗氧化活性研究[J].核农学报,2014,28(4):655-661.

[38] 朱凯杰,陆国权,张迟.响应面法优化水杨酸比色测定还原糖的研究[J].中国粮油学报,2013,28(8):107-113.

[39] PAN XUEJUN. Microwave-assisted extraction of glycyrrhizic acid from licorice root[J]. Biochemical Engineering Journal, 2000, 5(3):173-177.

[40] 闫训友,史振霞,张惟广,等,纤维素酶在食品工业中的应用进展[J].食品工业科技,2004,25(10):140-142.

[41] 曾柏全,周小芹,解西玉.纤维素酶-微波法提取脐橙皮橙皮苷工艺优化[J].食品科学,2010,31(4):85-89.

[42] 林春梅,周鸣谦.正交试验优化纤维素酶法提取牛蒡根皮中绿原酸工艺[J].食品科学,2013,34(6):64-67.

[43] 朱丹,袁芳,孟坤,等.黄酮类化合物的研究进展[J].中华中医药杂志,2007,22(6):387-389.

[44] 鲁彦,吴绍宇,姚嵩坡,等.玉米须对老年小鼠细胞免疫功能的影响[J].中国老年学杂志,2005,25(11):1387-1388.

[45] 赵强,赵二劳,赵昀,等.玉米须中黄酮类化合物的抗氧化活性研究[J].食品工业,2011(1):36-38.

[46] 郑津辉,王威,黄辉.苦参提取液中黄酮类化合物的抑菌作用[J].武汉大学学报(理学版),2008,54(4):439-442.

[47] Orhan D D, Ozcelik B, Ozgen S, et al. Antibacterial, antifungal, and antiviral activities of some flavonoids [J]. Microbiological Research, 2010, 165(6):496-504

[48] 陈雪香,谭斌,周双德,等.山莓叶抑菌活性物质的提取、抑菌效果及其化学成分初步研究[J].食品科技,2008,33(9):192-195.

[49] 李静,邱卓钢,詹莉,等.玉米须的药理及临床研究概述[J].医药新知杂志,2001,11(4):207-208.

[50] 赵文竹,于志鹏,于一丁,等.玉米须多糖纯化工艺的研究[J].食品工业科技,2009,30(12):292-296.

[51] 惠秋沙.玉米须的药理作用及其饮料发展展望[J].亚太传统医药,2011,7(5):150-151.

[52] 陈再智,苏焕群.绞股蓝药理研究进展[J].中药材,1989,12(6):44-46.

[53] 关海宁,刁小琴,张润光.响应面法对橘香、红枣花草茶饮料的优化研究[J].食品工业科技,2009(9):223-225.

[54] 张传军.红姑娘果酒发酵工艺条件研究[J].食品研究与开发,2010,31(9):96-97.

[55] 耿春银,程全,郭有.玉米副产物的饲用价值[J].吉林畜牧兽医,2005(10):22-24.

[56] 张艳荣, 王大为, 祝威. 高品质玉米膳食纤维生产工艺的研究[J]. 食品科学, 2004, 25(9): 213 – 217.

[57] 潘炘, 陈顺伟, 庄晓伟. 不同提取方式对马尾松松针抗氧化能力研究[J]. 食品工业科技, 2009(8):108 – 110.

[58] 郭振楚. 糖类化学[M]. 北京: 化学工业出版社, 2005.

[59] YANG ZHENDONG, ZHAI WEIWEI. Identification and antioxidant activity of anthocyanins extracted from the seed and cob of purple corn (Zea mays L.) [J]. Innovative Food Science and Emerging Technologies, 2010, 11(1): 169 – 176.

[60] XIANG ZHINAN, NING ZHENGXIANG. Scavenging and antioxidant properties of compound derived from chlorogenic acid in South – China honeysuckle [J]. LWT – Food Science and Technology, 2008, 41(7): 1189 – 1203.

[61] 王永华. 食品分析[M]. 北京:中国轻工业出版社, 2010.

[62] CHEN YIYONG, GU XIAOHONG, HUANG SHENG QUAN, et al. Optimization of ultrasonic / microwave assisted extraction (UMAE) of polysaccharides from Inonotus obliquus and evaluation of its anti – tumor activities [J]. International Journal of Biological Macromolecules, 2010, 46(4): 429 – 435.

[63] 高锦明, 张鞍灵, 赵晓明, 等. 绿原酸分布、提取与生物活性研究综述[J]. 西北林学院学报, 1999, 14(2):73 – 82.

[64] 王辉, 田呈瑞, 马守磊, 等. 绿原酸的研究进展[J]. 食品工业科技, 2009 (5):341 – 345.

[65] Federica P, Stefania B, Magro L, et al. Analysis of phenolic compounds and radical scavenging activity of Echinacea spp[J]. Journal of Pharmaceutical and Biomedical Analysis, 2004, 35(2):289 – 301.

[66] Sylvester N O, Navam S H. Antioxidant activity, fatty acids and phenolic acids compositions of potato peels[J]. Journal of the Science of Food and Agriculture, 1993, 62(4):345 – 350.

[67] Krzysztof K, Frank S, Lawrence H. Free, esterified, and insoluble – bound phenolic acids. 1. Extraction and purification procedure[J]. Journal of Agricultural and Food Chemistry, 1982, 30(2):330 – 334.

[68] 王华斌,王珊,傅力. 酶法提取石榴皮多酚工艺研究[J]. 中国食品学报, 2012,12(6):57-65.

[69] Nichols J A, Katiyar S K. Skin photoprotection by natural polyphenols:anti-inflammatory, antioxidant and DNA repair mechanisms[J]. Archives of Dermatological Research, 2010,302(2):71-83.

[70] 王修杰,袁淑兰,魏于全.植物多酚的防癌抗癌作用[J].天然产物研究与开发, 2005,17(4):508-517.

[71] 范红艳,王艳春,顾饶胜,等. 茶多酚抗衰老的研究进展[J]. 中国老年学杂志, 2011, 31(5): 893-895.

[72] 尹志娜. 植物多酚分离提取方法和生物功能研究进展[J]. 生命科学仪器, 2010(3):43-49.

[73] 李淑娟. 茶多酚的保健和药理作用研究进展[J]. 西北药学杂志, 2010, 25(1): 78-79.

[74] 魏玉梅,董轶,刘磊,等. 马铃薯皮渣中膳食纤维提取条件的优化研究[J]. 食品研究与开发, 2015,36(22):33-35.

[75] Onyeneho S N, Hettiarachchy N S. Antioxidant activity, fatty acids and phenolic acids compositions of potato peels[J]. Journal of the Science of Food and Agriculture, 1993, 62(4):345-350.

[76] 孔保华,王宇,夏秀芳,等.加热温度对猪肉肌原纤维蛋白凝胶特性的影响[J].食品科学,2011,32(5):50-54.

[77] 刁小琴,关海宁,马松艳. 中心组合设计优化酶法辅助提取香菇多酚及其抑菌活性研究[J]. 食品工业科技, 2012,33(21):269-272.

[78] Oyaizu M. Antioxidative activities of browning products of glucosamine fractionated by organic solvent and thin-layer chromatography[J]. Kogyo Gakkaishi, 1988,35(1):771-775.

[79] Wiriyaphan C, Chitsomboon B, Yongsawadigul J. Antioxidant activity of protein hydrolysates derived from threadfin bream surimi byproducts[J]. Food Chemistry, 2012,132(1):104-111.

[80] FANG YANQIANG, ZHANG BO, WEI YIMIN, et al. Effects of specific mechanical energy on soy protein aggregation during extrusion process studied

by size exclusion chromatography coupled with multi – angle laser light scattering[J]. Journal of Food Engineering,2013,115:220 – 225.

[81] Ali S, Choudhary M I, Rahman A U. Superoxide anion radical, an important target for the discovery of antioxidants [J]. Atherosclerosis Supplements, 2008, 9(1):268.

[82] Wang L L, Xiong Y L. Inhibition of lipid oxidation in cooked beef patties by hydrolyzed potato protein in related to its reducing and radical scavenging ability[J]. Journal of Agricultural and Food Chemistry,2005,53(23):9186 – 9192.

[83] Pearce K N, Kinsella J E. Emulsifying properties of proteins:evaluation of a turbidimetric technique[J]. Journal of Agricultural and Food Chemistry,1978, 26(3):716 – 723.

[84] LIU YAN, ZHAO GUANLI, ZHAO MOUMING, et al. Improvement of functional properties of peanut protein isolate by conjugation with dextran through Maillard reaction[J]. Food Chemistry,2012,131(3):901 – 906.

[85] Kato A, Nakai S. Hydrophobicity determined by a fluorescenceprobe methods and its correlation with surface properties of proteins [J]. Biochim Biophys Acta,1980,624(1):13 – 20.

[86] Laemmli U K. Cleavage of structural proteins during the assembly of the head of bacteriophage T4[J]. Nature,1970,227:680 – 685.

[87] 郭尧君. 蛋白质电泳实验技术[M]. 北京:科学出版社,2005.